AF252299

RACE CHEVALINE,

Bovine, Asine et Ovine.

HYGIÈNE HIPPIQUE

COURONNÉ

PAR

Un Comice Agricole

DE

LA GIRONDE

SUIVI

DE NOMBREUX EXTRAITS

SUR LA

Chasse, de la Pêche et des Chemins de Fer.

NOTIONS GÉNÉRALES

CIVILE-POLITIQUE-ADMINISTRATIVE-RURALE-COMMERCIALE ET JUDICIAIRE

CRÉDIT FONCIER,

AGRICULTURE-CHEPTEL ET HORTICULTURE.

PAR

MALFRAIN,

Capitaine de Gendarmerie en retraite,
de la Légion d'Honneur et de Charles III d'Espagne.

IMP. DE F. DÉGARAGÉU, PLACE DE LA FONTAINE CHAUDE.

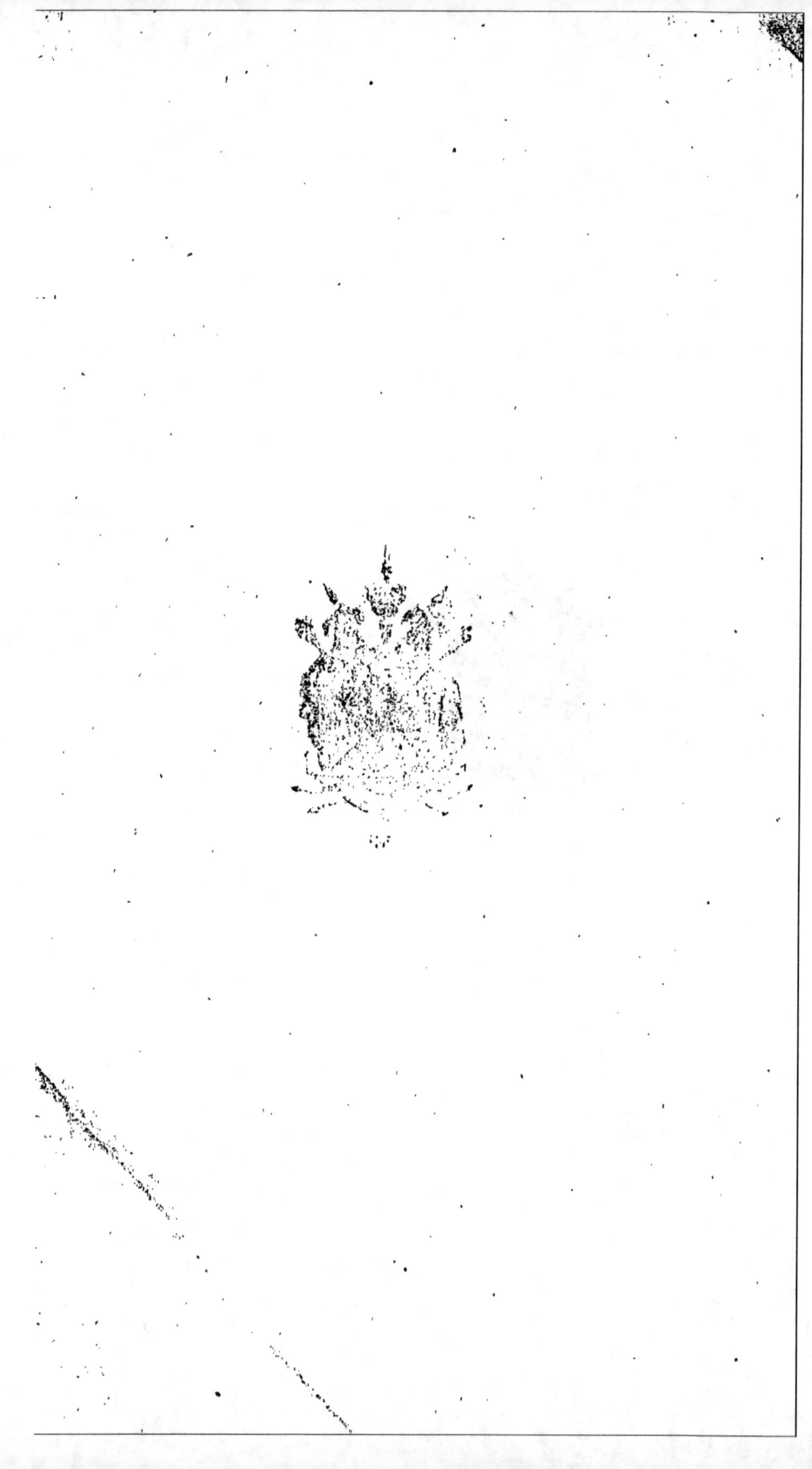

TRAITÉ ÉLÉMENTAIRE

d'Hygiène Hippique.

RACE CHEVALINE
Espèces Bovine, Asine et Ovine.

COURS ÉLÉMENTAIRE

D'HYGIÈNE HIPPIQUE

COURONNÉ

PAR

Un Comice Agricole

DE

LA GIRONDE.

SUIVI

DE NOMBREUX EXTRAITS

SUR LA

POLICE DU ROULAGE, DE LA CHASSE, DE LA PÊCHE ET DES CHEMINS DE FER.

Notions Générales

EN MATIÈRES CIVILE-POLITIQUE-ADMINISTRATIVE-RURALE-COMMERCIALE ET JUDICIAIRE

CRÉDIT FONCIER,

AGRICULTURE-CHEPTEL ET HORTICULTURE.

PAR

M. MALFRAIN.

CAPITAINE DE GENDARMERIE EN RETRAITE,

CHEVALIER DE LA LÉGION-D'HONNEUR ET DE CHARLES III D'ESPAGNE

Dax, imprimerie Dubarreau.

1860.

[illegible]
[illegible]

[illegible]

[illegible]

[illegible]
[illegible]
[illegible]
[illegible]
[illegible]
[illegible]

[illegible]
[illegible]
[illegible]
[illegible]

TABLE DES MATIÈRES.

CHAP. I. — **De la race des chevaux.** 17.

Chevaux sauvages. — Chevaux domestiques. — Chevaux étrangers. — Chevaux français. — Qualités des races. — Valeur des races. — Nécessité de localiser une race. — Choix d'une race. — Primes aux juments. — Moyens de fonder les races et de se procurer des poulinières.

CHAP. II. — **De la Génération.** 31.

De la gestation. — Régime des poulinières pendant l'allaitement. — Sevrage des poulains. — Procédé pour faire passer le lait des juments nourrices. — Castration des poulains. Opération de la castration. — Accidents.

CHAP. III. — **Connaissances particulières**
propres aux éleveurs. 42.

Renseignements symptômatiques. — Maréchalerie. — De la confection des fers. — Conformation du pied. — Maladies traitées en attendant ou en l'absence d'un vétérinaire. — Maladies nerveuses. — Épizootiques. — Endémiques. — Contagieuses. — Symptômes de la fièvre. — Moyens de la reconnaître. — Signes généraux auxquels on reconnaît que le cheval est malade. — Symptômes annonçant la mort prochaine. — Opérations

FIN DE LA TABLE DES MATIÈRES.

ERRATA.

Page 1. Ligne 2, au lieu de : *à eu tort ou raison*, lisez : *a* eu tort ou raison.

Page 24. Ligne 20, au lieu de : c'est-à-dire à la *ville*, lisez : c'est-à-dire à la *selle*.

Page 105. Ligne 16, au lieu de : Mordjana *dormait* dans la main, lisez : Mordjana *donnait* dans la main.

Page 106. Ligne 6, au lieu de : *quatre-vingt* lieues, lisez : *quatre-vingts* lieues.

Page 120. Ligne 25, au lieu de : *laisser* la main, lisez: *baisser* la main.

Page 127. Ligne 22, au lieu de : mesure *prohibitoire*, lisez : mesure *prohibitive*.

Page 164. Ligne 10, au lieu de : l'article 460 du Code Pénal, lisez : l'article 463 du Code Pénal.

Page 168. Ligne 30, au lieu de : *qui* dans un temps, lisez : *et* dans un temps.

AVANT-PROPOS.

AVANT-PROPOS.

Les agriculteurs, éleveurs et propriétaires de Bestiaux ont déjà vu paraître beaucoup de livres; les uns, composés d'un pêle-mêle d'éléments souvent insaisissables, d'autres parfumés d'érudition qui, tout en honorant les auteurs au point de vue scientifique et littéraire, se sont généralement trouvés d'une interprétation difficile pour eux, et même au-dessus de leur portée.

Dans l'un comme dans l'autre cas, ces livres, tout en perdant une partie de leur efficacité, par les raisons qui précèdent, se sont néanmoins vendus à des prix élevés. Ils n'ont guère trouvé place que dans les Bibliothèques, au lieu d'aller au foyer de l'agriculteur, la véritable destination que leur assignait leur raison d'être. Puissent les observations qui précèdent servir d'enseignement aux cultivateurs, et leur éviter les nombreuses tentatives de spéculation dans lesquelles ils ont été victimes de leur bonne foi. On ne prend pas au sérieux le langage doré de ces chercheurs d'affaires qui, dans un but d'intérêt, tronquent ou exagèrent la mission qu'ils tiennent des éditeurs ou auteurs, afin de persuader aux habitants des campagnes, qu'il n'y a qu'à Paris qu'on puisse faire *même de l'Agriculture,* se livrer à l'élève du cheval, etc., etc.

Quant à nous, ne consultant que le but a atteindre, nous ne parlerons aux agriculteurs :

Ni de la Biographie des chevaux pur sang.

Ni de la Statistique des courses ;

Ni de l'appareil lasso-dompteur;

Ni de l'appareil lasso-harnais ;

Ni de l'appareil Rarey, l'américain ;

Ni de l'appareil Martingale écolier.

Encore moins de la partie en vers ou en prose sur le haras Dupin, etc., qui constituent autant de théories qui ne semblent pas leur être indispensables, quant à présent. Nous en attendons les effets avant d'en indiquer la pratique, et tout en respectant l'éclat dont elles brillent dans le Journal des Haras, nous laissons à cette feuille le soin de les classer, jusqu'à nouvel ordre, dans le domaine de la spécialité de l'hippodrome, pour nous occuper, de préférence, de l'élevage des chevaux agricoles, en donnant aux éleveurs :

1° Un ouvrage *simple*, *clair* et *précis*, dégagé d'emphases inutiles dans lesquelles viennent souvent se noyer les nombreux renseignements élémentaires dont l'analyse facile fait le mérite principal, car il s'agit d'un livre qu'ils auront à consulter, presque toujours, dans des cas pressés.

2° Un livre que la modicité de son prix rend accessible à toutes les bourses, bien que renfermant tous les éléments nécessaires aux intéressés.

Ce livre, destiné à aller un peu partout, rencontrera sans nul doute, comme tous les ouvrages d'une composition mixte, des contradicteurs, surtout parmi des personnes déjà munies de quelques notions théoriques et

pratiques sur la matière qu'il renferme, mais nous trai-
terons plus loin cette question, car il est incontestable
que malgré l'expérience de l'auteur, malgré l'attention
apportée à l'exactitude des citations, à la rédaction du
texte et à la classification des articles, il ne peut espérer
concilier toutes les appréciations en cause. Les uns
pourront se plaindre de son laconisme, les autres y
verront peut-être des renseignements inutiles, de nature
à nuire à la brièveté du texte, et, dans ce dernier cas,
l'inconvénient de détourner l'attention des lecteurs des
renseignements qui les intéressent plus particulièrement.

Mais il sera facile par une lecture attentive de reconnaître que tous les renseignements qui figurent dans
ce livre sont tous très utiles, s'ils ne sont pas indispensables, ainsi que nous l'expliquerons plus tard.

C'est au lecteur qu'il appartient de s'appliquer de
préférence à l'étude des questions qui le concernent
plus particulièrement, attendu qu'il n'y a pas même de
dictionnaire dont la lecture entière soit indispensable,
et dont les citations soient littéralement nécessaires à
tous.

C'est donc en les généralisant qu'on a pu en assurer
l'efficacité, en donnant à chacun la côte-part de ses besoins personnels, qui varient souvent à l'infini.

Ainsi que le porte son texte, cet ouvrage présentant
une agglomération de renseignements et de faits élémentaires, est d'ailleurs destiné à des hommes qui ont
plutôt besoin de se rendre compte, que d'exercer la médecine vétérinaire, ce qui n'appartient qu'à celui qui a

fait des études complètes à ce sujet.

En effet, de quoi s'agit-il pour arriver au but qu'on s'est proposé ?

1° D'apprécier les diverses races parmi lesquelles il faut faire un choix propre à une bonne reproduction;

2° De donner aux animaux malades les premiers soins destinés à préparer l'efficacité et même à remplacer la médecine vétérinaire, dans les cas qui n'offrent pas de gravité.

Ce livre, ne renfermant que des renseignements isolés sans connexité entr'eux, classés seulement par ordre, sous des titres différents et dont la recherche est facile, constitue une série d'indications presque numérique et de nature à soulager au lieu de charger la mémoire des lecteurs, qui ont besoin, ainsi que nous l'avons dit, de le consulter, seulement, et non d'approfondir toutes les questions de principes qu'il relate. Elles ne sont pas également intéressantes pour tous, et ils ne pourraient, généralement, en faire qu'une application incomplète et dès lors dangereuse.

Quant au retard qu'a éprouvé cette publication qui a été l'objet de quelques réclamations de la part de plusieurs souscripteurs, il doit être attribué à des circonstances indépendantes de la volonté de l'auteur. Il pourrait néanmoins trouver sa justification dans les nombreuses recherches dont cet ouvrage a été l'objet, afin de pouvoir y ajouter un chapitre supplémentaire sur des questions jugées indispensables aux intéressés et d'une réunion difficile dont les divers documents manquent souvent de concordance et qui ne touchent presque toujours, que d'une manière indirecte, la question qu'il s'agit de traiter.

Il n'a donc pas suffi de s'arrêter au vaste champ des interprétations de ces documents, qui manquent généralement d'actualité, car s'ils ont eu leur mérite et leur temps, si de nombreuses réimpressions en ont grossi le nombre, les inconvénients dont nous avons parlé sont restés.

Il a donc fallu disséquer ces livres, plus souvent afin d'y découvrir les erreurs que pour y chercher des exemples, non pour un volumineux travail de centralisation qui ne serait consulté de personne, mais bien pour arriver à l'analyse dont nous avons parlé. Il est d'ailleurs, on le sait, de la nature des compilations de renfermer plus d'inégalités et de lacunes, en raison du plus grand nombre de collaborateurs.

Aussi, cet ouvrage peut-il être consulté sans danger : l'auteur n'a pu s'égarer, il ne peut égarer personne.

Il doit, du reste, compter sur l'accueil qu'a reçu la première édition pour le succès de celle-ci, augmentée de nouveaux renseignements dont l'importance et l'opportunité ajoutent un haut intérêt à cette étude.

RACE CHEVALINE
Espèces Bovine, Asine et Ovine.

COURS ÉLÉMENTAIRE

D'HYGIÈNE HIPPIQUE

SUIVI

DE NOMBREUX EXTRAITS

SUR LA

POLICE DU ROULAGE, DE LA CHASSE, DE LA PÊCHE ET DES CHEMINS DE FER.

Notions Générales

EN MATIÈRES CIVILE-POLITIQUE-ADMINISTRATIVE-RURALE-COMMERCIALE ET JUDICIAIRE

CRÉDIT FONCIER,

AGRICULTURE-CHEPTEL ET HORTICULTURE.

Sans nous arrêter à la question de savoir si l'éleveur à eu tort ou raison de donner la préférence à la race Bovine sur la race Chevaline, dans les départements du midi, il est incontestable que cette dernière n'occupe pas le rang qui lui est assigné par les services qu'elle rend, et qui doit naturellement prendre de l'importance, en raison du percement des voies de communication.

Ainsi que nous le prouverons, plus tard, par des chiffres, fruit de l'expérience personnelle, l'avantage de l'éleveur est de préférer la race chevaline à la race bovine, c'est-à-dire relever la première, sans exclure totalement la seconde, attendu qu'il existe dans notre pays une nature de sol dont la difficulté de labourage exigera toujours des bœufs. Il en est de même, d'ailleurs, un peu partout.

Pour nous, la question n'est pas douteuse, mais comme il s'agit d'un intérêt général d'une haute importance et que notre conviction n'est pas suffisante, nous allons donner aux comices agricoles des arrondissements tous les renseignements propres à déterminer leur appréciation, en entrant dans quelques détails élémentaires hippiques d'hygiène et d'hippiatrique, à l'usage des éleveurs.

Observations Préliminaires.

Ce rapport est sans doute loin d'être un traité complet, néanmoins, il est le résultat de nombreuses recherches dans différents ouvrages dont les auteurs sont, principalement : le Duc de Guiche, Bourgelat, Person, Robineau et de Bougon, que nous recommandons à ceux des propriétaires ou éleveurs, qui voudraient suppléer aux divers renseignements qui figurent au présent rapport, par un traité complet.

Nous devons néanmoins, dès à présent, déclarer que nous ferons tous nos efforts pour donner aux éleveurs des notions aussi détaillées que possible afin de les mettre à même d'apprécier l'avantage dont nous avons parlé, sous le rapport de la préférence à donner à la race Chevaline en commençant par indiquer sommairement :

1° La population chevaline en France ;

2° Le rang qu'occupe chaque département comme production ;

3° Le chiffre, les conditions de réception et les prix annuels de la remonte ;

4° La comparaison forcée dont il est parlé plus haut, à l'égard des deux races Bovine et Chevaline ;

5° Les diverses races existantes ;

6° Le choix qu'il conviendrait de faire pour localiser une race ;

7° Les moyens préservatifs contre diverses maladies;

8° Les moyens de les traiter dans les cas pressés ;

9° Les moyens légaux pour traiter les cas rédhibitoires ;

10° Les moyens d'assainir et de construire les écuries;

11° La connaissance de l'âge des chevaux ;

12° La forme et l'avantage de la ferrure pour chaque pied ;

13° Les ruses des maquignons ;

14° Les soins généraux à donner aux poulinières;

L'amélioration de la race Chevaline, dans les contrées du Midi, n'est ni impossible, comme quelques personnes semblent le croire, ni aussi facile que d'autres le pensent, et les hésitations sont excusables en fait d'initiative toujours onéreuse. Aussi, à l'exception de plusieurs adeptes de profession, du département

2.

ce la Gironde et de quelques autres propriétaires du Midi , les Eleveurs roulent-ils toujours entre le choix des bœufs GARONNAIS et BAZADAIS; mais pour l'espèce chevaline, rien n'a encore été même discuté.

Depuis que le département de la Gironde est servi régulièrement, et avec avantage sous tous les rapports, par l'envoi qui lui est fait annuellement des stations du haras de Libourne, il y a bien quelques productions ; mais elles sont, en général. d'une telle infériorité , qu'elles sont plus propres à décourager qu'à encourager les Eleveurs. Ces derniers paraissent n'avoir pas bien compris, jusqu'à ce jour, l'avantage qu'il y aurait, pour eux, de ne présenter à l'Etalon que des jumens réunissant les conditions réglementaires. Aussi ils n'ont généralement obtenu, quant à présent, que des produits impropres au Trait et à la Selle.

Il en résulte que ces animaux qui coûtent autant de nourriture que s'ils étaient dans les conditions de remonte ou de labour, possèdent deux privilèges : celui de flatter l'amour-propre de leur maître, d'abord, pour le décourager, ensuite

Si nous avons parlé d'amour-propre, c'est, qu'en effet, presque tous les Eleveurs, la première année surtout, croient leurs poulains dignes de prime, et, la deuxième année, ils sont obligés de les vendre pour 150 francs, jurant, *mais un peu tard*, qu'on ne les y reprendra plus.

Nous parlerons, plus tard, du moyen de rémédier à cet inconvénient par l'homogénéité des races locales.

Tableau

DE L'ANCIEN TARIF

par arme.

DÉSIGNATION des ANNÉES.	PRIX D'ACHAT ASSIGNÉ AUX							AGE de RÉCEPTION.
	CARABINIERS,	CUIRASSIERS,	DRAGONS,	LANCIERS,	CHASSEURS ET HUSSARDS,	ARTILLERIE -SELLE-	ARTILLERIE TRAIT-	
	F.	F.	F.	F.	F.	F.	F.	
En. 1790	»	450 à 600	417 à 550	» »	340 à 450	» »	» »	5 ans
— — 1791	594 »	504 »	454 »	» »	414 »	» »	» »	5 ans
— — 1792	742 »	622 »	572 »	» »	522 »	» »	» »	5 ans
De 1818 à 1825	670 »	570 »	490 »	» »	390 »	» »	» »	5 ans
— 1825 à 1828	540 »	540 »	490 »	» »	390 »	» »	» »	5 ans
— 1831 à 1832	600 »	570 »	490 »	490 »	390 »	» »	» »	5 ans
— 1833 à 1835	650 »	650 »	550 »	490 »	430 »	« »	» »	5 ans
— 1836 » —	650 »	650 »	520 »	490 »	430 »	550 »	490 »	5 ans

Tableau

DU NOUVEAU TARIF

par arme.

DÉSIGNATION de L'ANNÉE.	PRIX D'ACHAT ASSIGNÉ AUX				CHEVAUX D'OFFICIERS,	AGE exigé.
	CARABINIERS et CUIRASSIERS,	ARTILLERIE, DRAGONS et LANCIERS,	CHASSEURS et HUSSARDS,	TRAIN DES PARCS DU GÉNIE ET ÉQUIPAGES.		
En 1851	800ᶠ » »	650ᶠ » »	550ᶠ » »	550ᶠ » »	900ᶠ » »	4 ans accomplis.

Tableau

Indiquant la taille exigée par le règlement de 1847, par arme, et réduite à :

Pour la cavalerie de réserve, (Carabiniers, Cuirassiers).... de 1 ^{m} 54 à 1 ^{m} 60.

Pour la cavalerie de ligne (Artillerie, Dragons, Lanciers). . de 1 ^{m} 51 à 1 ^{m} 54.

Pour la cavalerie légère (Hussards, Chasseurs). . . . . de 1 ^{m} 48 à 1 ^{m} 51.

Chevaux de trait, (Artillerie, Train) . . . . de 1 ^{m} 49 à 1 ^{m} 54.

Tableau

D'EFFECTIF

sur le pied de guerre et de paix.

Indication.	CHEVAUX DE TRAIT	CAVALERIE RÉGIMENTAIRE	GENDARMERIE	Totaux.
EFFECTIF DE LA CAVALERIE SUR { le pied de guerre	36,707	76,568	» »	113,275
le pied de paix...	6,821	49,560	12,999	69,381
Le renouvellement annuel, par 8ᵉ, donne lieu à une remonte de	858	6,181	1,325	8,356

Ainsi que le constatent les Tableaux qui précèdent, deux circonstances frappantes en faveur de l'éleveur sont :

1° Le chiffre du prix d'achat augmenté pour toutes les armes.

2° L'âge réduit de 5 à 4 ans pour le cheval de guerre.

Mouvement de la population Chevaline en France.

On compte en France 1,209,064 juments
et en moyenne. . . . . . 180,000 naissances annuelles.

Différence. . . . 1,029,064.

C'est-à-dire qu'*un septième*, seulement, des juments est livré à la reproduction.

En considérant les rapports de l'administration des haras, comme comptes-rendus, conformément à l'article 8 de l'arrêté organique du 11 décembre 1848, on trouve les résultats qui suivent, en ce qui la concerne officiellement.

En 1849,

Nombre de Juments saillies,   58,287

Productions	Mâles......................	14,335
	Femelles....	14,638

	Qui ont avorté................	3,725
	Qui n'ont pas été fécondées....	14,811
Juments.	Qui sont mortes...............	1,133
	Qui ont été vendues....,.......	2,590
	Sur lesq^{es}. les renseig. manq^{nt},	7,057

Total égal............. 58,287

En 1850,

Et, à peu-près, dans les mêmes proportions.. 61,298

Si les naissances mentionnées plus haut paraissent insuffisantes en France, pour les divers services auxquels est destinée l'espèce chevaline, il est néanmoins constaté par l'administration de la douane (mouvements d'importation et d'exportation) que cette insuffisance se fait sentir pour toutes les classes d'animaux domestiques ; cette pénurie d'espèces animales a pour causes principales, dit-on :

1° Les non-valeurs parmi les 151,027 naissances, en dehors de la participation de l'administration des haras, pour l'espèce chevaline.

2° La grande étendue des terres consacrées à la production des céréales.

3° Et surtout, les surfaces considérables cultivées en vignes dans les départements du Midi.

4° id. id id. en bois et forêts.

5° id. id d'un grand nombre de régions montagneuses.

En ce qui concerne le département de la Gironde et même une zône plus étendue du Midi, l'espèce bovine a pris et conservé, jusqu'à présent, un avantage sur l'espèce chevaline; cela a tenu, essentiellement, à trois causes principales qui perdent de leur importance dans les conditions actuelles.

1° A ce que les animaux de boucherie semblent indiquer, des chances de gain plus assurées que le cheval. Il est, en effet, très rare dans l'élevage du bœuf et du mouton , de perdre la totalité de la valeur des produits, tandis que le moindre accident peut réduire le cheval à un quart de sa valeur.

2° Au mauvais état des voies de communication, qui, en exigeant un tirage considérable, avaient jusqu'alors, en quelque sorte, exclu le cheval de la culture du Midi.

3° A ce que la facilité et dès lors la multiplicité de l'importation de la race chevaline, provenant de l'étranger, arrivait à un chiffre dont la modicité rendait toute concurrence impossible en France.

Nous répondrons aux objections précitées, par les observations qui suivent :

1° Ainsi que nous l'établirons, plus tard, il nous paraît possible d'établir la balance, et au delà, au point de vue des intérêts réels de l'éleveur, pour les deux espèces.

2° Ainsi que nous l'avons dit déjà, le choix d'une race chevaline locale, répondrait aux besoins d'un service de résistance. Le cheval serait apte à gagner sa vie à 2 ans, et en cas de non valeur, pour la remonte, pourrait toujours être employé à la culture.

3° D'après la législation actuelle, le gouvernement a centralisé, en France, la remonte pour tous les services de l'armée.

Ainsi qu'il résulte des explications données lors du vote de la loi du 29 Juillet 1850, le jour où les ressources indigènes seront jugées suffisantes aux besoins de l'armée, la remonte aura pour limite la frontière.

Il faut ajouter à cette circonstance l'avantage de telle localité, sous le rapport des produits, en harmonie avec les besoins des diverses branches de service. Quant aux races qu'il convient d'adopter pour la localité, nous allons les énumérer toutes et faire ressortir quelques raisons de préférence.

CHAPITRE Ier.

De la race des Chevaux.

Le mot *Race* sert, en général, à désigner la descendance des animaux d'une même famille, ou au moins d'une commune origine ; on dit qu'un cheval est de race lorsqu'il possède les caractères distinctifs des races précieuses par leur origine, telles que les races *Arabe* et *Anglaise*. La première distinction que l'on puisse établir dans les races est celle des chevaux sauvages et des chevaux domestiques.

1°. Chevaux sauvages.

On reconnaît deux espèces de chevaux sauvages, l'une dont l'origine première est ignorée ; l'autre celle des chevaux devenus sauvages en Amérique, après la conquête de ce continent.

Les chevaux de la première espèce se rencontrent en troupeaux innombrables sur les plateaux de l'Asie, près du Volga, dans la Tartarie et dans la Chine.

Il existe aussi des demi-sauvages dans l'Ukraine, sur les bords du Don, en Finlande, en Transylvanie, etc. La France en possède quelques espèces dans les Landes et dans l'Ile de la Camargue.

2° Chevaux domestiques.

Les races et les espèces des chevaux domestiques sont très nombreuses ; on les indique, ordinairement, en France, sous la désignation de chevaux étrangers et chevaux français indigènes.

3°. Chevaux étrangers.

On appelle chevaux étrangers :

Le cheval *Arabe, Persan, Tartare, Barbe, Espagnol, Allemand, Hollandais, Anglais, Irlandais,* et les chevaux que produisent la *Turquie,* la *Hongrie* et la *Transylvanie.*

Les chevaux de ces diverses contrées se distinguent par diverses qualités que nous croyons devoir reproduire ici, afin d'éclairer, autant que possible, les intéressés, sur la matière, en général, et pour les mettre d'ailleurs, à même d'apprécier le mérite des races susceptibles de faire partie des stations du gouvernement.

1° Le cheval Arabe a la supériorité sur toutes les autres races. Doux, sobre et patient, il est le prototype de l'espèce du cheval et sert à améliorer toutes les races ; mais c'est dans l'action, surtout, qu'il faut le juger. Il est de taille moyenne, généralemrnt étoffé ; il a la peau fine, les extrêmités d'une grande beauté, le corps un peu plus long que haut, l'encolure bien sortie, la tête aplatie et presque carrée, la ganache un peu forte, les formes sèches, quoiqu'arrondies et agréables.

2° Le cheval *Persan* ~~est supérieur~~ en taille à l'*Arabe* il est infatigable comme lui, mais moins sobre et exigeant beaucoup de soins.

3° Le cheval *Tartare* a une vigueur qui le rend excellent pour la guerre.

4° Le cheval *Barbe* se trouve sur les côtes septentrionales de l'Afrique. Son encolure est longue et un peu grêle, sa tête parfois busquée, ses oreilles jolies et bien placées.

5° Le cheval *Espagnol* est celui qui se rapproche le plus du Barbe ; il est plus apte au manège qu'à la guerre, mais ses brillantes qualités sont incontestables.

6° Le cheval *Allemand* convient généralement au service militaire par sa construction.

7° Le cheval *Hollandais* (dit hart-draver) est reconnu pour la vitesse de son trot.

8° Le cheval *Anglais* est supérieur à tous les autres et vaut presque l'*Arabe* et le *Barbe* desquels il descend.

9° Le cheval *Irlandais* est particulièrement connu pour son aptitude a soutenir la fatigue et à franchir toute espèce d'obstacle.

10° Les chevaux que produisent la *Turquie*, la *Hongrie* et la *Transylvanie*, participent des mêmes qualités que les chevaux *Persans* et *Tartares*.

3.

Chevaux Français indigènes.

La France est le pays qui offre le plus de genres de chevaux propres à tous les services, tant de l'armée que de l'industrie et de l'agriculture, d'après leur plus ou moins de race. On y trouve le cheval *Limousin*, *Navarin*, *Normand*, *Breton*, du *Poitou*, du *Nivernais*, du *Morbihan*, de la *Franche-Comté*, de la *Picardie*, de la *Flandre*, de la *Lorraine-Allemande* et de l'*Alsace*.

Qualités par lesquelles se distinguent les chevaux mentionnés d'autre part.

1° Le cheval *Limousin* dont l'origine paraît être la même que celle du cheval *Anglais* a la peau fine, la tête carrée, souvent grêle, les membres très-sûrs, mais ceux de devant un peu minces, le tendon faible, les jarrets trop rapprochés, les hanches saillantes et l'oreille forte. Il ne peut être mis à un service sérieux qu'à 7 ans ; sa taille est moyenne.

2° Le cheval *Navarin*, de la vieille race, a de la ressemblance avec le cheval Espagnol; la nouvelle race est formée des Etalons Arabes qui lui ont donné des formes en rapport avec celles qui les distinguent eux-mêmes.

3° Le cheval *Normand*, le plus distingué, se trouve

dans le Merlerault et le Contentin ; le pays de Caux fournit d'excellents chevaux de gros trait ; on reconnaît le véritable Normand à la rondeur et au développement de ses formes;

4° Le cheval *Breton* a la tête un peu forte et aplatie, mais la solidité de ses membres, sa forte constitution et son énergie établissent et au-delà la compensation et sont la garantie d'un long et bon service sous le double rapport de la remonte et du trait.

Il a généralement besoin d'avoir jeté ses gourmes et d'être accoutumé au nouveau régime avant d'être mis en service ;

5° Les chevaux du *Poitou*, du *Nivernais* et du *Morbihan* sont propres à la cavalerie ;

6° Les chevaux de la *Franche-Comté*, de la *Picardie* et de la *Flandre* sont choisis jusqu'à présent pour l'artillerie.

Valeur des Races.

Si nous sommes entrés dans tous les détails qui précèdent, il est bien entendu que c'est pour arriver à faire ressortir davantage les qualités et les défauts de chaque race.

D'accord avec plusieurs auteurs, nous passons condamnation sur les reproches fondés, adressés à plusieurs races orientales que leur taille et leur forme éloignent naturellement des emplois auxquels nous avons besoin de soumettre nos chevaux en France.

En général, ces races ainsi que celles de l'*Andalou-*

sie ont aussi leur mérite. Elles forment des spécialités brillantes qui se reproduisent par elles-mêmes et pour elles-mêmes. se conservent dans leur mérite propre tant qu'elles satisfont aux diverses exigences particulières auxquelles elles se destinent, c'est-à-dire, s'usent trop souvent dans des luttes inutiles, tandis que le cheval *anglais*, au contraire, est devenu, en quelque sorte, le cheval universel, comme étant le point de départ de toutes les aptitudes; seulement, comme l'intérêt du pays semble réclamer le cheval travailleur avant le coureur, nous sommes d'avis qu'il ne faut pas s'arrêter exclusivement au pur sang dont la vitesse fait le principal mérite, et, certes, force et vitesse, sont deux qualités différentes que nous expliquerons plus tard.

Il est bien entendu que ces réflexions ne s'appliquent qu'au pur sang, car le jour où les courses ne formeraient plus que des chevaux exceptionnels, c'en serait fait de la race anglaise. En thèse générale, la force implique le poids, la masse et un grand développement proportionnel de toutes les parties du corps.

La vitesse, au contraire, suppose des formes relativement élancées, sveltes, de l'élégance, de la légèreté, et, enfin, plus d'ardeur que de durée.

« Le cheval fort est puissant, mais lourd ;

« Le cheval vite est énergique, mais léger ;

« Si le premier peut être employé à des travaux péni-
« bles, il ne peut être mené sans danger au-delà d'une
« vitesse limitée;

« Le deuxième ne peut supporter un poids trop con-

« sidérable sous peine de ne pas produire la somme
« d'effets qui est en lui.

Chacune de ces spécialités a donc son importance et
trouve son emploi ; cependant, vu l'état actuel des exigences de notre civilisation, elles perdront d'autant plus
de leur utilité propre qu'elles s'excluent davantage.

En effet, les lois de la nature sont une ; les espèces domestiques restent soumises à leur dépendance ; d'ailleurs, et pour ce cas spécial, une remarque importante
qui vient à l'appui des faits précités, c'est que les animaux fortement constitués ont, en général, une durée
plus longue que l'existence moyenne de l'espèce et même
de la race. Ils remplissent ainsi plus complètement le but de leur destination et il n'est pas douteux
pour nous que cette longévité, remarquée par les Éleveurs de la plaine de *Caen* et autres, n'ait son principe
dans la force de résistance dont il est parlé plus haut.

Il n'en est plus ainsi de l'être faible et valétudinaire
qui ne sort guère d'une souffrance que pour en subir
une autre, du cheval, en un mot, qui n'a jamais l'exercice libre, plein, régulier, de ses facultés vitales, et qui
naturellement voué à toutes les mauvaises influences, n'a
aucun moyen de réagir ou de résister. Celui-là est toujours vaincu ; sa vie n'est qu'une succession de défaites
toujours dominées ; sans puissance, par conséquent, on
ne peut rien attendre de cette organisation, elle ne peut
engendrer que faiblesse et donner prise à l'action de toutes les causes d'altération.

Mais il est des organisations moyennes, de naissance

en quelque sorte, et qui deviennent riches ou pauvres, puissantes ou débiles, suivant l'occurrence ; elles se rapprochent de la supériorité ou de l'infériorité de celles dont nous venons de parler, selon qu'on les protége ou qu'on les abandonne. Celles-ci ne peuvent rien par elles-mêmes, elles deviennent ce que l'homme veut qu'elles soient; elles se font ou se défont, s'élèvent ou s'abaissent en raison des soins, des précautions d'hygiène et des bons traitements qu'elles reçoivent ou de l'incurie dans laquelle les laissse la négligence ou l'ignorance de l'éducateur. Dès-lors, elles cèdent ou résistent, demeurent entières ou se détériorent, s'affaiblissent dans l'action fortifiée ou amoindrie des agents modificateurs de l'économie.

Pour résumer les observations qui précèdent nous devons ajouter, que, pour pouvoir obtenir de l'espèce chevaline ce quelle peut fournir avec avantage, il faut toujours donner la préférence à une race propre au pays et au but qu'on se propose au point de vue de sa destination, c'est-à-dire à la *ville,* au trait ou à la reproduction.

Après avoir fait ressortir autant que possible les avantages et les inconvénients des diverses races et espèces, voici nos conclusions que nous soumettons à l'approbation des Comices agricoles.

Il reste entendu que si notre préférence est acquise au cheval travailleur, comme pouvant satisfaire à la fois :

1° Les divers services de l'industrie,

2° L'agriculture de toutes les contrées,

3° La remonte de la cavalerie, de l'artillerie, etc.,
nous n'entendons nullement frapper d'exclusion le
cheval de pur sang. Quoiqu'il y ait bien loin des
services énumérés plus haut à l'hippodrome, on
ne peut toucher sans danger à l'élève du cheval de
course. Lui aussi représente incontestablement une
part importante de l'industrie chevaline, que nous devons encourager sous peine de la voir passer à l'étranger où ne tarderait pas de se réfugier le luxe, mais nous
devons laisser son éducateur se livrer à cette spécialité
pour ne nous occuper, quant à présent, que du cheval
travailleur, comme premier instrument agricole et de
guerre. Nous nous occuperons plus tard du cheval pur
sang, surtout lorsque les premiers besoins seront satis-
faits en France, où il y a encore tant de choses à faire
sous ce rapport.

Alors, et seulement alors, les cultivateurs et éleveurs
pourront passer, sans nuire à leur industrie, de l'utile à
l'agréable, par l'application du système anglais ; mais
avant de se lancer dans cette voie, il est urgent de développer activement la race moyenne ou carrossière
indiquée plus haut. Elle mérite d'ailleurs la préférence
pour les raisons exclusives suivantes :

1° Comme la mieux appropriée à nos besoins actuels,

2° Comme pouvant se vendre plus avantageusement,

3° Comme pouvant être soumise à un régime plus simple que les autres ; car l'homogénéité apportant une

grande analogie dans l'organisme, il en résulte pour l'éleveur un avantage réel, puisque cette race agricole et robuste n'exigera de lui que des soins à sa portée et au moyen d'une bonne nourriture, il pourra toujours conduire en travaillant le développement de son élève, sans avoir à redouter l'excès du travail et surtout l'influence de l'acclimatation.

NÉCESSITÉ

de localiser une Race Chevaline.

Ainsi que nous l'avons dit, certains arrondissements n'ont eu jusqu'à présent qu'une population chevaline dont l'hétérogénéité paraît avoir été le principal obstacle à des résultats satisfaisants.

En effet, il est rare de voir sortir de certaines contrées un cheval d'arme ou d'attelage, malgré la sévérité des agents de l'Administration des Haras et des médecins vétérinaires, dans le choix des juments présentées à la monte.

Choix d'une race.

Sans influencer l'appréciation des Comices, nous croyons devoir insister pour qu'il soit donné la préférence :

1° A la belle jument *Bretonne*, pour Poulinière ;

2° A l'*Anglo-Normand*, pour Étalon.

En effet, le vrai type *Breton*, quoique son caractère primitif soit devenu rare, précisément à cause de l'excellence de la race, est devenu difficile à rencontrer à cause des recherches dont il a été l'objet; néanmoins, il n'est pas impossible de se procurer un certain nombre de Poulinières.

Quant à l'*Anglo-Normand* pour Étalon, il n'est pas douteux que ses produits avec la jument *bretonne* ne donnent pour résultats des chevaux étoffés, indispensables dans le pays et pour les raisons qui suivent.

La différence est grande entre la grosse race et la race distinguée.

La première peut s'élever au travail à partir de l'âge de 2 ans;

La deuxième a besoin de *liberté*, d'*herbages* et de *soins particuliers* jusqu'à 4 ans.

L'homogénéité, une fois obtenue, donnerait d'autant plus d'avantage aux Éleveurs, qu'ils pourraient toujours compter sur la remonte de la cavalerie de ligne, quelquefois de *réserve* (Tableau Page 9.) dont les prix diffèrent essentiellement de ceux de la cavalerie légère ; cependant, les prix d'élevage sont les mêmes.

Si le cheval léger mange moins, nous avons dit qu'il exigeait plus de soins et qu'il rendrait moins de services dans les 3e et 4e années. S'il échappe à la remonte il devient une non-valeur.

Il nous importe de constater ici qu'il n'existe pas, encore, dans certains arrondissements de la Gironde et qu'il ne peut même y avoir de grandes entreprises comparables à celles qui se rencontrent dans la Normandie et en Bretagne. Mais, précisément parce que nous n'avons encore que quelques cultivateurs qui se livrent à l'éducation du cheval, il faut, pour que cette industrie prospère, que l'Eleveur soit fixé à l'avance sur la nature du produit qu'il obtiendra, l'espèce de service auquel il sera propre et les facilités qu'il présentera pour la vente.

Il est bien entendu que ces résultats ne seront obtenus qu'après avoir localisé une race. Voici l'exemple qui nous est donné à ce sujet par l'Angleterre.

L'homogénéïté des races, sans aucun secours de l'Etat, permet de prendre à la charrue le cheval de trait et de guerre et quelquefois même de luxe.

En France, l'intervention de l'Etat nous offrant un moyen d'action de plus par la distribution annuelle de 200,000', comme encouragements dans les départements, il ne faut donc que vouloir ces résultats pour les obtenir.

PRIMES AUX JUMENTS.

Le but des primes est d'encourager l'emploi des Juments d'élite à la reproduction ; on doit à cet égard distinguer avec soin les Primes destinées aux Juments de race pure et celles que l'on donne aux Juments de sang croisé.

Dans le premier cas, celles qui reçoivent dans chaque pays un élevage particulier peuvent se produire à peuprès partout. Par conséquent, dès que l'Etat trouve un Éleveur qui consacre à la reproduction une Jument de race, il est de son intérêt d'en encourager l'accouplement avec l'Étalon de race pure, car il a l'espoir que le produit pourra être, un jour, utilement employé à la reproduction. La Prime donnée par l'État dans ce cas est un encouragement accordé à l'élevage d'animaux de race pure destinée à servir d'Étalons.

Dans le deuxième cas, la question se complique davantage, puisqu'il s'agit de primer des Juments de sang croisé ou celles de races indigènes, en général d'un mérite très-contestable, et à la conservation desquelles l'État ne peut avoir d'intérêt.

Si, au contraire, il y avait dans chaque contrée une race bien établie, s'il ne s'agissait que de l'entretenir pour la croiser au besoin avec un Étalon pur sang quand on voudrait des chevaux de luxe, il suffirait de primer dans chaque région, les plus belles poulinières qui s'y seraient produites afin de les attacher au sol et d'encourager leurs propriétaires à l'amélioration de la race à laquelle elles appartiendraient.

Mais telle n'est pas notre situation ; les poulinières présentées pour la prime proviennent souvent de plusieurs croisements, apportent en naissant et produisent d'autant plus de perturbation dans les races qu'elles n'en représentent aucune.

Il en résulte qu'elles égarent l'éleveur, l'éloignent du but qu'il se propose et, surtout, de ses intérêts,

Aussi le conseil supérieur des Haras, dans un rapport, a-t-il dit qu'en dehors des races de pur sang, les Primes aux Juments doivent être réservées à celles qui peuvent donner des reproductions capables d'entretenir et même d'améliorer les races locales.

Quant aux Étalons, la monte qu'assure le gouvernement offre toutes les garanties pour la création de la race dont nous avons parlé.

MOYENS

de fonder la race et de se procurer les Poulinières.

Nous pensons que comme point de départ, 25 Poulinières *Bretonnes* par arrondissement suffiraient ; il y a deux moyens de les favoriser.

Le 1er, le département achetant des Poulinières et les vendant au rabais ;

Le 2e, le cultivateur achetant des Juments avec l'assurance d'une pension annuelle de 100 fr. par tête, accordée, soit par l'état, soit par le département, à la condition de garder jusqu'à un chiffre déterminé, les produits femelles, ce qui donnerait une moyenne de 14 naissances par an et la création d'une race en 4 ans.

CHAPITRE II.

De la Génération.

La Jument porte de 11 à 12 mois, rarement 13 ; cependant, plusieurs auteurs portent jusqu'à 83 jours de différence dans les deux extrêmités des termes.

En général, les signes de l'état de gestation dans la Jument ne sont guère visibles avant la fin du 6° mois ; on ne doit pas trop se fier à la cessation des chaleurs. Si, quelquefois, elles disparaissent subitement, quoique la Jument n'ait pas retenu, surtout si on la fait travailler, d'autres fois elles persistent malgré la conception. Au nombre des signes incertains ou équivoques d'une gestation récente, on peut encore ranger un penchant à l'inaction, des déjections urinaires plus abondantes, ou, du moins, l'action plus fréquente de se camper, le gonflement des mamelles et des veines mammaires.

Il n'arrive pas souvent avant le 7me mois que le ventre grossisse, s'ovale; que les flancs se creusent, que les muscles de la croupe s'affaissent, que les hanches et les bases de la queue paraissent s'être exhaussées, que toute la partie postérieure du corps ait acquis de l'ampleur. Ces signes sont surtout peu visibles sur les Juments de race *limousine* et *anglaise* dont le ventre n'augmente pas sensiblement jusqu'au 11me mois. Il en est de même pour les Juments de gros trait qui ayant porté plusieurs fois offrent un gros ventre, même dans l'état de vacuité ; mais, quel que soit l'état du ventre vers le 7me mois, l'allure de la

Jument est plus lente, plus lourde ; toutes les juments sont alors plus douces, plus obéissantes, l'instinct les porte, en général, à s'abstenir de tout mouvement brusque, de tout effort violent capable de compromettre le produit qu'elles portent.

Lorsque la jument est exercée à un travail quelconque pendant les derniers mois, surtout, nous devons constater ici qu'elle est plus apte à tirer qu'à porter, car la colonne vertébrale est déjà assez chargée par le poids du fœtus et des viscères abdominaux sans qu'on ajoute à ce fardeau.

Au pâturage comme à l'écurie il faut éloigner d'elles les chevaux entiers ; par le voisinage de ceux-ci elles redeviendraient en chaleur et pourraient être couvertes, ce qui les exposerait à avorter.

En général la position isolée est celle qui convient le mieux aux juments pleines pour lesquelles, d'ailleurs, les autres ont une vive antipathie.

Il est absurde de croire qu'on doit toujours s'abstenir du pansage à l'égard des juments pleines. Cette pratique hygiénique est, au contraire, plus avantageuse que jamais pendant la gestation en servant d'auxiliaire à l'exercice musculaire, comme moyen d'excitation de toutes les fonctions et principalement des fonctions digestives. Il ne faut pas néanmoins promener l'étrille sur la région abdominale lorsque la gestation est avancée; on doit alors frictionner avec un bouchon de paille.

La nourriture doit être abondante et choisie pour les juments pleines, à plus forte raison si elles sont en même temps nourrices.

Régime des poulinières pendant l'allaitement.

L'allaitement est l'action de la jument qui consiste à fournir au poulain, dans les premiers temps de son existence, le lait des mamelles où il trouve les éléments de sa nutrition. Le poulain à peine né ne tarde pas à se lever et à chercher la mamelle de sa mère. Pour le préserver des chutes, comme aussi pour faciliter l'allaitement, il convient de l'aider en lui mettant le bout du mamelon dans la bouche ou en tenant la jument. Cette dernière précaution surtout est nécessaire lorsque les juments, éprouvant des douleurs aiguës à cause de la tuméfaction du mamelon, se refusent à l'approche du poulain, parfois avec tant d'obstination qu'elles le tueraient si on ne les retenait pas. Il est donc urgent de faire surveiller une jument lorsqu'elle arrive à son terme, en faisant coucher quelqu'un à l'écurie afin de la visiter souvent dans la nuit.

Lorsque la jument ne peut allaiter on élève le poulain en lui donnant à boire du lait de jument, de vache ou de chèvre. Il boit, du reste, bientôt lui même, pourvu qu'on lui mette dans la bouche le doigt ou un chiffon trempé dans le lait.

On peut aussi le faire allaiter par une autre jument n'ayant pas de poulain. Le premier lait sortant des mamelles après la délivrance est nommé Colastre (ou Colastrum). Il est séreux, jaunâtre et purge légèrement ; il faut bien se garder de le croire nuisible et de le remplacer par du lait substantiel.

Pour que la Jument qui allaite puisse faire un lait abondant et nutritif il faut lui donner une bonne nourriture et ajouter même, lorsqu'on veut lui faire reprendre le travail jusqu'au sevrage, à la ration qui lui était assignée sans travailler.

Le mode d'alimentation de la nourrice exerce sur le poulain la plus grande influence : on trouve, en effet, dans le lait, le principe des aliments qui le rendent amer, âcre, salé, aromatique, selon leur différente nature.

Le régime vert est extrêmement favorable à l'abondance et à la qualité du lait. La mise bas à la prairie offre de grands avantages parce que la jument et les Poulains y prennent de l'exercice qui n'est jamais forcé dans tout autre cas. On doit soumettre la mère, à un travail doux et régulier, approprié à l'état de ses forces, ainsi qu'à ses habitudes et permettre au poulain, quelques jours seulement, après sa naissance, de suivre sa mère, pourvu qu'on arrête celle-ci de temps en temps pour le laisser téter et qu'il ne se fatigue pas trop. Ce système n'est pas toujours d'un usage facile dans les campagnes où les juments sont retenues trop longtemps au travail, séparées de leurs poulains. Il en résulte que ceux-ci longtemps privés de nourriture se gorgent de lait que leur estomac digère mal, et que la diarrhée est la conséquence de ce régime. Pour l'éviter il faut ne jamais laisser téter le poulain immédiatement à l'arrivée de sa mère, après une longue absence et il faut, en outre, avant de le faire têter, faire quelques lotions d'eau fraiche à la mamelle de la mère.

En principe, il a été reconnu que la trop longue séparation du poulain de sa mère expose le lait à s'altérer dans les mamelles. Le gonflement ou la tuméfaction des mamelons dont nous avons parlé plus haut n'est pas le seul accident qui puisse contrarier l'allaitement. La jument accoutumée à porter tous les ans demande le cheval dans le premier mois de sa délivrance. Il s'opère alors dans le lait une élaboration qui occasionne à son tour un flux de ventre chez le nourrisson, pendant tout le temps de la chaleur et au-de-là. Il peut survenir aussi l'engorgement ou la dureté des mamelles et c'est même l'effet ordinaire du refus que font les juments d'allaiter. On doit les y contraindre d'autant plus qu'après avoir surmonté leur aversion, elles s'y accoutument, en général, promptement. Les accidents qui surviennent aux mamelles des nourrices sont aussi quelquefois, l'effet d'un sevrage brusque ; pour le prévenir, on traira la jument, on diminuera la nourriture, pour la rendre moins substantielle, on l'étrillera fortement pour exciter la peau, on la soumettra à un travail soutenu, on provoquera enfin une transpiration abondante par une température chaude et sèche.

Sevrage du Poulain.

Le Sevrage est la cessation de l'allaitement pour faire place à l'usage d'aliments solides ; on entend aussi par *sevrage*, la séparation du Poulain d'avec la mère, c'est-à-dire le temps nécessaire pour habituer le jeune animal à ne plus têter.

L'époque du sevrage ne peut être précisée ; elle est avancée ou reculée d'après l'état de la mère et celui du nourrisson ; cependant, il est d'usage, en France, de sevrer les Poulains à l'âge de 6 à 7 mois. La jument destinée à porter tous les ans doit allaiter moins longtemps que celle qui n'est saillie que de deux en deux ans ; la jument de noble sang et celle que l'on soumet à de rudes travaux doivent être séparées de leurs poulains plus tôt que celles d'une race commune qui travaillent peu. Pour conserver une jument de prix on est quelquefois obligé de prolonger un nourrissage qui lui est favorable, dût-il être nuisible au Poulain, comme cela arrive dans le cas d'engorgement des mamelles pouvant faire craindre un squirrhe ; si le Poulain séparé de sa mère avant terme est de race, on peut lui en substituer un de race commune pour sucer le lait insalubre, le faire adopter par une autre jument, ou bien le mettre à un régime capable autant que possible de suppléer à l'allaitement. Les Poulains qui, durant le temps de l'allaitement ont été habitués à l'herbe, sont faciles à sevrer et se sèvrent même quelquefois d'eux-mêmes avant le sixième mois.

Le temps du sevrage est celui où le Poulain a le plus besoin d'être traité avec une grande douceur : séparé douloureusement de sa mère, il ne faut pas le séquestrer d'abord, mais, autant qu'on le peut, le placer avec d'autres poulains dans une écurie ou dans un pâturage autre que celui de la mère. Si le sevrage se fait à l'écurie, la transition entre le vert et le sec exige les plus grands ménagements ; on donne, d'abord, aux Poulains du son deux fois par jour et un peu de foin fin et choisi, dont on augmente la quantité à mesure qu'ils acquièrent de l'âge.

On peut leur donner, aussi, des carrottes ou autres racines, des grains cuits ou du moins concassés et macérés.

On met à leur portée des auges d'eau blanche, bien nutritive ; les Poulains nouvellement sevrés sont plus enclins à boire qu'à manger.

Des personnes douces et attentives auxquelles ils se sont habitués avant de quitter leur nourrice, devront être préférées pour les soins à leur donner afin de les consoler par leurs caresses.

L'écurie ne doit pas être trop chaude pendant le sevrage, car le Poulain serait par suite très-sensible aux moindres impressions de l'air ; elle sera garnie d'une bonne litière qu'on renouvellera souvent. Pendant les premiers jours on n'attachera point le Poulain dans l'écurie, on ne le pansera point et on ne lui permettra de sortir que lorsqu'il ne témoignera plus ni inquiétude, ni désir de voir sa mère.

Alors, et seulement dans le beau temps, on peut le conduire au pâturage, mais il est essentiel de lui donner le son et de le faire boire une heure avant de le mettre à l'herbe ; sans cette précaution, il éprouverait infailliblement des tranchées violentes, cause habituelle de la perte d'un grand nombre d'élèves.

Un bon pâturage offre un facile moyen de sevrage; mais s'il est trop stimulant il peut devenir funeste au Poulain.

Un pâturage maigre prolonge la durée du sevrage, et quelquefois même on ne l'obtient qu'en ramenant le Poulain de temps en temps à la mère pour le faire téter.

Si le sevrage se fait au pâturage, il y a de grandes précautions à prendre à l'égard des Poulains, car tant qu'ils n'ont pas perdu le souvenir de leur mère, ils feront tous les efforts pour franchir les clôtures afin de la rejoindre.

Procédé pour faire passer le Lait des Juments nourrices.

La Jument étant mise au sec quelques jours d'avance, on la traite le jour fixé pour discontinuer l'allaitement; on a soin de placer alors sous les mamelles une pelle de fer chauffée et l'on fait, peu à peu, tomber sur cette pelle une partie du lait qui produit une forte fumigation. On emploie aussi une partie de ce lait à frotter l'extrémité inférieure des mamelles et le pis. Cette opération est renouvelée trois fois par jour jusqu'au quatrième, exclusivement, et du quatrième au huitième jour, deux fois; pour les huitième, neuvième et dixième, une fois suffira ; le onzième jour on cessera l'extraction du lait et les fumigations. Pendant cinq jours de suite il suffira d'épancher le pis avec de l'eau fraîche et de promener la jument deux fois par jour si elle ne peut être mise en liberté.

Si ce procédé est bien suivi, le quinzième jour la Ju—

ment ne doit plus avoir de lait. Il n'y a, ainsi, aucune suite fâcheuse à redouter pour l'avoir fait passer de la sorte, tandis qu'il y aurait, au contraire, danger réel à précipiter le tarissement d'une poulinière ou à vouloir l'opérer dans un délai plus court que celui indiqué plus haut.

Cette opération terminée, la Jument est remise à son travail ordinaire.

Castration des Poulains.

En général le but de cette opération est de :

1° Modérer l'impétuosité d'un animal fougueux ;

2° De le rendre seulement plus soumis et plus docile ;

3° De le rendre plus propre aux divers services qu'il peut rendre ;

4° Et, enfin, de le guérir de certaines maladies des parties que l'on retranche.

Mais la Castration lui ôte beaucoup de force, de courage et d'ardeur, abrège, peut-être, sa carrière ; en effet, l'expérience a démontré que le cheval entier est moins exposé aux maladies que le cheval hongre.

Opération de la Castration.

Pour favoriser le succès de la Castration, il convient avant de l'entreprendre de ne pas négliger certaines précautions ; ainsi, on choisit la saison durant laquelle la température de l'atmosphère est à peu-près constante et modérée, comme en automne et au printemps.

L'animal doit jouir d'une santé parfaite; s'il **est** adulte, on se gardera bien de l'épuiser par des travaux longs et pénibles; dès la veille on le soumettra au repos, on diminuera sa ration ordinaire en lui donnant des aliments de digestion facile, on le mettra même à une diète absolue et on le saignera s'il est pléthorique, trop fort ou trop impétueux.

Les testicules du poulain ne descendent dans les bourses qu'à l'âge de 4 à 5 mois, et alors on peut les couper; mais pour éviter que le Poulain ne reste faible et n'acquière une conformation défectueuse, il faut attendre de 1 à 2 ans.

Suite de la Castration.

ACCIDENTS.

Il est deux sortes d'accidents presque constants et nécessaires en quelque sorte à l'œuvre de la guérison, ce sont :

La douleur, l'inflammation, l'engorgement et la suppuration. Les autres qui n'arrivent pas aussi communément, mais qui ont plus de gravité, sont :

L'Hémorragie, la Hernie, l'Inflammation de la membrane séreuse du bas-ventre et des intestins, le Champignon, le Squirrhe, la Gangrène, le Tétanos et l'Amaurose.

L'engorgement commence ordinairement le second jour après celui de l'opération; lorsqu'il ne s'établit qu'à la partie antérieure du fourreau, il est d'un bon signe et le traitement doit se limiter aux lotions de la partie malade avec un liquide *mucilagineux* tiède, pour soumettre cette partie à l'action de vapeur aqueuse, en ayant soin d'éloigner tout ce qui pourrait troubler cet état favorable des choses.

Dans le cas où il resterait vers la fin quelques traces de tuméfaction, on aurait recours aux lotions et aux fumigations aromatiques.

Mais l'engorgement est plus grave s'il se propage autour des plaies, sous le ventre, le long des cordons et s'il rend le train de derrière raide et douloureux. Alors on peut craindre des accidents funestes et il est urgent d'avoir recours aux moyens les plus actifs qui ne peuvent être employés que par un médecin-vétérinaire.

CHAPITRE III.

Connaissances particulières propres
AUX ÉLEVEURS.

Dans les départements de l'*Orne*, du *Calvados*, de la *Manche*, de *l'Eure*, de la *Seine-Inférieure* et autres, il n'est pas rare de trouver des fermiers éleveurs ayant des connaissance élémentaires d'hippiatrique qui leur permettent de saigner et ferrer, eux-mêmes, les chevaux et de suppléer aux soins, sinon du vétérinaire bréveté dont l'intervention est presque toujours indispensable, au moins à ceux des Empiriques dont l'ignorance a déjà prouvé tant de fois le danger de les employer. Il est donc indispensable que l'éleveur soit en mesure d'apprécier et même de traiter certaines maladies, qui dans une position éloignée du médecin-vétérinaire et en attendant l'arrivée de celui-ci, souvent renvoyée au lendemain, puisse, au moins, arrêter les progrès du mal.

Ces connaissances consistent principalement à savoir, entr'autres renseignements :

1° L'âge et le tempérament habituel de l'animal ;

2° L'époque de la maladie ;

3° A quels signes on l'a reconnue ;

4° S'il a dormi la nuit précédente ;

5° Comment a commencé son indisposition ;

6° Ce qu'il aura mangé ;

7° Depuis quand il a mangé et bu ;

8° S'il a déjà été malade, à quel âge et à quelle époque ;

9° En ce cas quels ont été les moyens employés et leurs résultats ;

10° Depuis quand il a été vu fienter et uriner ;

11° A quels exercices il a été livré et depuis quand ;

12° Si la maladie s'est déclarée après le travail ou à la suite du repos ;

13° Ce qu'il a éprouvé dans le cours de son travail ;

14° Son origine et l'époque à laquelle il a été acheté ;

15° Les bestiaux avec lesquels il s'est trouvé en contact et dans quelles circonstances ;

16° Sous quel climat il a été élevé relativement à celui dont il subit l'influence.

Ces divers renseignements sont d'autant plus importants à rassembler avant l'arrivée du médecin-vétérinaire que ce dernier adressera au propriétaire de l'animal malade toutes les questions qui précèdent, afin de faciliter son appréciation pour agir suivant le cas, sur les quatre fonctions désignées, ci-après, savoir :

1° La digestion ;

2° La respiration ;

3° La circulation ;

4° L'absorption.

Maréchalerie.

Ainsi que nous l'avons dit, les Éleveurs de la Normandie ont en général des connaissances spéciales d'une haute importance dans cette industrie, et la maréchalerie entre pour beaucoup dans la direction et la conservation du sabot du cheval qui a pour conséquence naturelle celle des aplombs.

La Maréchalerie est l'art de forger et d'appliquer méthodiquement les fers.

Les instruments de ferrure sont :

1° *Le Brochoir*, servant à implanter les clous dans la corne :

2° *Le Boutoir*, instrument tranchant servant à parer le pied ;

3° *Les Tricoises*, servant à déferrer le cheval, à couper les clous et à les river ;

4° *Le Rogne-pied*, portion de lame de sabre servant à rogner l'ongle ;

5° *La Râpe*, instrument d'acier trempé servant à unir les bords de la paroi ;

6° *Le Repoussoir*, petit poinçon destiné à déboucher les fers et chasser les lames des clous ;

7° *La Feuille de Sauge*, instrument tranchant des deux côtés ;

De la confection des fers.

Variétés dans la forme des fers au tableau G.

Nº 1. *Le Fer ordinaire*, s'employant pour les pieds bien conformés, doit prendre la forme du pied ;

Nº 2. *Le Fer demi-couvert* convient pour les pieds plats et évasés ;

Nº 3. *Le fer à lunette* pour les cas de blenne, de talons faibles ou serrés, lorsque le cheval forge ou se couche en vache, etc.

Nº 4. *Le Fer à caractère*, lorsque la corne des quartiers est détruite ou cassée, perce les trous en pente et suivant la défectuosité du sabot.

N' 5. *Le Fer à la turque avec deux estampures* d'un côté, lorsque le cheval se coupe par le quartier et par le talon,

Nº 6. *Le Fer à pince prolongée* pour les chevaux qui battent ou que l'appui se fait sur la partie antérieure du pied. Les chevaux arqués sont dans ce cas.

Nº 7. *Le Fer à la turque à une branche* privée d'estampure, s'emploie dans le cas où le cheval se coupe dans le milieu du quartier ; la corne doit excéder le fer étant posé après la pose de celui-ci.

Nº 8. *Le Fer à planche* pour le pied auquel on a levé le corps pyramidal en totalité ou en cas de clou de rue ou autres blessures.

N° 9. *Le fer à oignon*, lorsqu'il y a un oignon un peu considérable; on doit le préférer dans ce cas au fer demi-couvert, si les talons sont faibles.

N° 10. *Le fer à pince tronquée* pour le cheval qui forge beaucoup. Le tiers de la pince est coupé transversalement en biseau, de bas en haut.

N° 11. *Le fer échancré en branche*, en cas de piqûre, brûlure ou d'autres lésions à un côté de la sole.

N° 12. *Le fer à coulisse*, s'employant à la suite de la dessolure, de l'enlèvement du corps pyramidal, et lors d'une plaie à la fourchette ou à la sole.

N° 13. *Le fer à bosse*, convenant au cheval haut jointé, qui boîte ou feint; on lève, à l'extrémité de chaque éponge, un crampon.

Conformation du pied en général.

On reconnaît qu'un pied est bien conformé lorsque :

1° Sa grandeur, son inclinaison et sa direction se trouvent en proportion avec les autres parties du corps ;

2° Lorsque l'ongle est haut et compacte, sans être cassant ;

3° La paroi brune, luisante et unie ;

4° La surface intérieure de la sole de corne creuse dans son milieu ;

5° Lorsque les talons assez écartés l'un de l'autre sont au niveau de la fourchette.

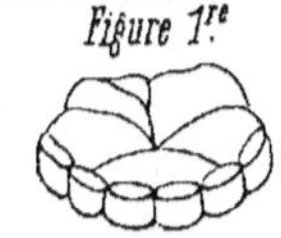

Figure 1re

Dents de lait jusqu'à
environ 31 ou 36 mois

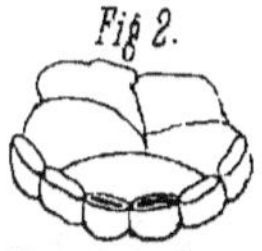

Fig 2.

Cheval de 3 ans,

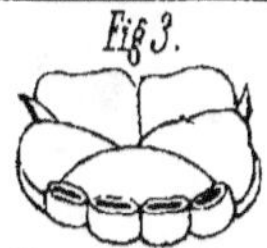

Fig 3.

Cheval de 4 ans,
les crochets com-
mencent à paraître.

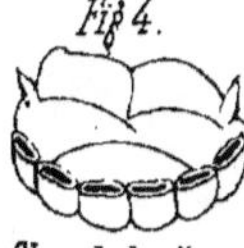

Fig 4.

Cheval de 5 ans,
les crochets sont
tout-à-fait dehors.

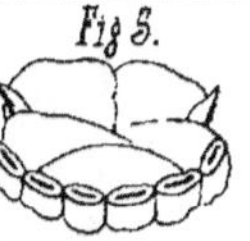

Fig 5.

Cheval de 6 ans,
les pinces commen-
cent à raser.

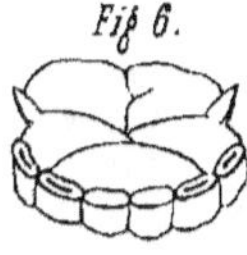

Fig 6.

Cheval de 7 ans,
les mitoyennes
rasent à leur tour.

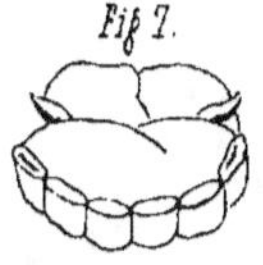

Fig 7.

Cheval de 8 ans,
les dents de la mâ-
choire inférieure
finissent de raser.

Fig 8.

Mâchoire supérieure
d'un cheval de 8 à 9
ans, qui commence à
raser ses pinces.

Fig 9.

Cheval de 9 à 10 ans,
qui rase les mitoyen-
nes de la mâchoire su-
périeure, les crochets
commencent à s'arrondir.

Fig 10.

Cheval de 10 à 11 ans,
qui à entièrement
fini de raser la gen-
cive commence à se
retirer.

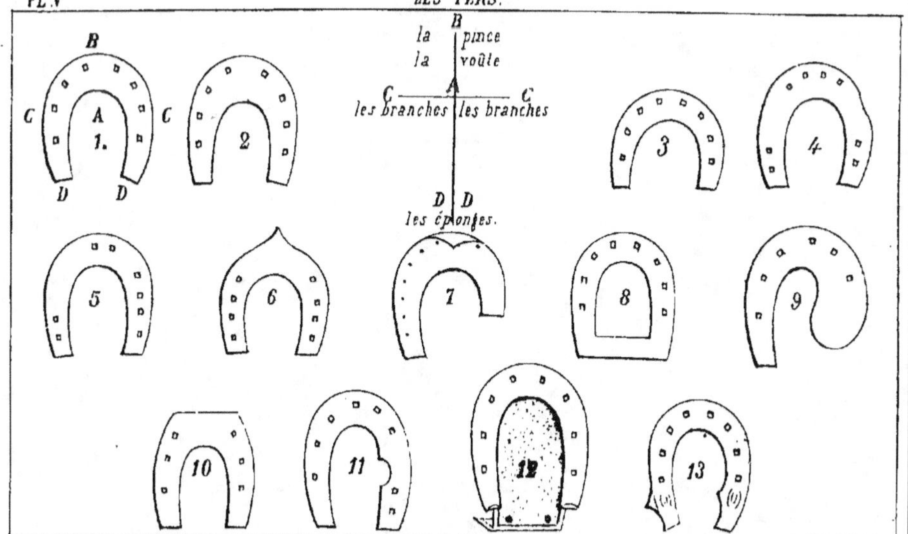

En général, les beaux pieds sont bons.

Maladies pouvant être traitées en attendant, ou en cas d'absence du Médecin Vétérinaire.

——❧◇❧——

Ces maladies et les remèdes à appliquer varient suivant la classification ci-après :

1. *La constipation.* Cette maladie est presque toujours le résultat d'un excès d'exercice ou de nourriture échauffante, telle que l'avoine et les farineux quelconque.

Les lavements adoucissants suffisent à la cure de cette indisposition.

2° *Les tranchées.* Ce sont des coliques plus ou moins vives, suivant leur cause ; mais dans toutes les espèces les lavements adoucissants doivent être employés.

3° *Les blessures* provenant de coups de pied sont, en général, très communes, surtout aux membres ; le principal remède consiste à conduire de suite l'animal à l'eau froide, en ayant soin de ne baigner que les membres, et dans le cas où il ne pourrait y être conduit, se borner à faire sur la partie malade des lotions à l'eau froide.

Maladies reconnues nerveuses.

————

1° *L'Epilepsie* ou mal caduc :

2° *Le Vertigo* ;

3° *L'Immobilité* ;

4° *Le Tétanos* ;

5° *Le Tic*.

Maladies épizootiques, endémiques et contagieuses.

On appelle *Épizootiques* les maladies qui attaquent à la fois un grand nombre d'animaux ; *Endémiques*, celles qui se bornent à certains pays, et *Contagieuses*, celles qui sont susceptibles de se communiquer, soit directement, soit indirectement. Ainsi, le premier soin à prendre est de séquestrer l'animal qui est affecté d'une maladie dangereuse. Ces maladies sont :

1° *La Morve* ;

2° *Le Farcin* ;

3° *Le Charbon* ;

4° *La Gale* ;

5° *La Rage*.

Ces maladies, ainsi que les affections nerveuses, sont assez graves pour n'être confiées qu'à un médecin vétérinaire ; Aussi en attendant son arrivée pour leur ôter le temps de se développer et en arrêter les progrès, le propriétaire doit, dès que l'animal est attaqué, le mettre au repos et à la diète en ne lui présentant que de l'eau blanchie à la farine d'orge.

Symptômes de la fièvre,
Moyens de la reconnaître.

On reconnaît que le cheval a la fièvre au battement des artères soit à l'angle de la mâchoire inférieure, soit à l'artère temporale en dedans ou en dehors du boulet, en dedans du jarret, et mieux encore au cœur. Pour la constater on applique la main au moutoir ; si la peau et les oreilles, surtout, sont très chaudes et si l'artère bat très vite, le cheval a la fièvre.

Signes généraux auxquels on reconnaît
que le cheval est malade.

Ainsi que nous l'avons dit, il importe de mettre le cheval au repos, dès qu'il est atteint d'une maladie quelconque.

C'est dans cette circonstance, en effet, que l'ignorance des propriétaires a causé de grands ravages, car maintenir au travail un cheval malade, c'est aggraver et quelque fois rendre sans remède possible la maladie dont il est atteint, et s'il est prouvé que certains chevaux refusent le service dès qu'ils sont malades, il y en a d'autres que l'ardeur pousse jusqu'au bout de leurs forces et que la surveillance intelligente de leur conducteur peut, seule, sauver.

On reconnaît que le cheval est malade aux symptômes suivants :

1° Le cheval est triste, porte la tête basse et perd l'appétit ;

2° Il a la langue sèche, rouge et chaude ;

3° Il est insensible sur les reins lorsqu'on le pince ;

4° La fiente est sèche et noirâtre ou liquide ;

5° Son urine est rouge ;

6° Il bat des flancs ;

7° Il a de la difficulté à respirer ;

8° Il est souvent froid par tout le corps ;

9° Le battement du cœur et des artères est lent (excepté pour la fièvre);

10° Il regarde pour l'ordinaire son flanc ;

11° Son œil est triste et hagard ;

12° Sa marche est chancelante ;

13° Il se tient éloigné de la mangeoire.

annonçant la mort prochaine.

Les symptômes qui annoncent la mort sont :

1° La mauvaise haleine de l'animal ;

2° Le serrement des mâchoires au point de ne pouvoir les ouvrir ;

3° Le mouvement des mâchoires de droite à gauche, avec une espèce de bruit ou de roulis ;

4° Les convulsions ;

5° Les grandes sueurs froides ;

6° Le froid aux extrémités.

Opérations chirurgicales d'un usage journalier.

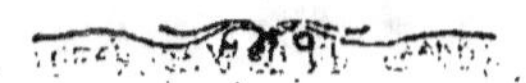

Les opérations chirurgicales d'un usage journalier, sont en général pratiquées par les éleveurs de la Normandie et autres contrées de la France ; elles consistent dans : 1° La saignée ; 2° L'application des sétons ; 3° les vésicatoires.

De la saignée à la Jugulaire.

La saignée à la jugulaire est d'une telle simplicité et rend tant de services au point de vue de la promptitude des secours, qu'il n'est pas permis à un propriétaire de chevaux de l'ignorer.

Pour cette opération il faut placer le cheval dans un jour favorable, comprimer avec le doigt la veine au dessus du point où l'on veut opérer ; la veine gonfle et se laisse voir bien distendue par le sang, alors on prend la flamme de la main gauche et l'on frappe de la main droite sur le dos de la lame avec le bâton à saigner.

On arrête la saignée en cessant la compression, en rapprochant les bords de la plaie et en y passant une épingle que l'on fixe avec quelques crins en ayant soin de faire des lotions à l'eau froide sur la saignée.

Les saignées à la couronne et à la pince sont également très simples, cependant à moins d'en avoir une grande habitude, il est prudent d'attendre l'arrivée du médecin vétérinaire, ainsi que pour les sétons, vésicatoires et toute espèce de cautérisation.

Règles d'hygiène.

Les aliments qui composent la nourriture habituelle du cheval sont : le foin, la paille, l'avoine, le son et l'eau , ces aliments proportionnés dans leur quantité et bien administrés tiennent le premier rang parmi les moyens de conservation du cheval dans l'état de santé.

De la température.

La température influe beaucoup sur la santé des chevaux.

L'air atmosphérique est indispensable à la vie ; de sa combinaison avec le calorique et l'eau résultent différentes températures qui ont toutes une influence spéciale.

1° L'air sec et d'une chaleur modérée excite l'appétit et fait jouir la santé de tout son développement.

2° L'air humide et chaud est malsain ; l'appétit dimi-nue ; les fonctions de la digestion et de la circulation sont ralenties, la peau absorbe trop facilement l'humi-dité extérieure.

3° L'air frais et sec a les plus heureux résultats ; il rend la digestion active, excite la gaîté et le besoin d'activité ;

4° L'air froid et humide est la température la plus défavorable, d'où naissent les rhumatismes, catarrhes et fluctions par l'interruption des fonctions de la peau ;

5° L'air excessivement chaud occasionne des déper-ditions considérables et affaiblit beaucoup ;

6° L'air excessivement froid suspend l'exercice des fonctions ; la transition trop subite d'une température à une autre est toujours fâcheuse ; mais la plus dange-reuse est celle du chaud au froid.

Acclimatation.

Respectant, ainsi que nous l'avons dit, les deux races régénératrices destinées à marcher parallèlement, nous leur devons une égale protection qui nous inspire naturellement le besoin de consigner ici quelques éléments d'acclimatation applicables à l'une et à l'autre de ces races.

Si la France possède encore des poulinières qui lui sont enviées et même achetées tous les ans par l'Angle-terre, à cause de leurs qualités, cela doit être attribué à la variété de notre climat. Il est incontestable que cette supériorité ne peut que grossir l'avantage déjà constaté, lorsque nous aurons des races locales ; mais à la condition toutefois de respecter la variété de cette température qui nous permet d'établir, de la Méditerranée aux herbages de la Manche, plusieurs degrés d'acclimatation : il est donc nécessaire de procéder de la manière suivante :

1° Pour les sujets importés d'Afrique, passer successivement, de Génération en Génération, et sans secousse, du midi au centre de la France et du centre au nord et à l'ouest.

2° Pour les sujets venant du nord et de l'Ouest, employer les mêmes principes, mais les moyens contraires.

Soins particuliers à donner au cheval.

L'exercice et le repos sont nécessaires au cheval qui a besoin de l'un comme de l'autre ; c'est d'une juste dispensation de ces deux états que résultent sa santé et sa vigueur.

En effet, l'exercice modéré est indispensable à la vie, il favorise la circulation et l'action régulière de toutes les fonctions. Un travail excessif use les forces, ruine le cheval et engendre les plus graves maladies, telles que la courbature, la fourbure, les maladies de poitrine, etc. L'exercice doit être réglé en raison de l'âge, de la force et de la santé de l'animal.

Le repos ainsi que le sommeil, sont, non seulement nécessaires, mais indispensables à la santé du cheval ; néanmoins, l'excès de l'un et de l'autre est nuisible, il amollit le cheval et l'expose même à des maladies graves.

Précautions à prendre en cas d'Épizootie
et
autres maladies dangereuses.

Les symptômes des maladies contagieuses se confondent presque toujours avec ceux de l'esquinancie, de l'inflammation du poumon, du charbon et du vertige ; elles portent assez généralement leurs effets sur les organes de la digestion ou sur le cerveau.

Longtemps on a pensé que l'on transmettait la contagion ; mais on est convaincu maintenant que si la disposition de l'air donne lieu à des maladies Épizootiques, il n'est réellement pas le véhicule de celles qu'on appelle contagieuses. D'après ce principe reconnu, on peut presque toujours éviter qu'une contagion ne se propage et n'étende ses ravages : il faut pour cela s'assurer si cette contagion ne serait pas produite ;

1° Par les écuries malsaines ;

2° Par l'usage de mauvais aliments tant solides que liquides, car dans ce cas les progrès pourraient en être arrêtés en changeant les animaux :

1° D'écurie pour une plus saine ;

2° D'aliments pour d'autres de meilleure qualité. S'il est prouvé que ce n'est point à ces causes qu'est due la contagion, il devient plus difficile de s'en rendre maître ; il faut empêcher immédiatement toute espèce de communication des animaux sains avec les malades, en isolant ces derniers.

Il est **essentiel** de laisser les chevaux malades dans l'écurie où la maladie s'est déclarée, d'éloigner ceux qui sont sains, d'enfouir les morts sans être dépouillés, à 2 mètres 50 centimètres de profondeur et à des distances éloignées du passage des autres animaux.

CHAPITRE IV.

Établissement des Ecuries.

Salubrité.

La salubrité des écuries dépend :

1° De la nature du sol sur lequel elles sont bâties qui doit être sec et élevé ;

2° Des ouvertures pratiquées, dont le nombre doit être relatif à leur grandeur.

3° De la quantité de chevaux, proportionnée à leur espace ;

4° Du soin qu'on a de les nettoyer et surtout d'enlever les fumiers ;

5° Du pavé ou du sol qui doivent avoir une pente pour l'écoulement des urines ;

6° De ne laisser jamais de grands intervalles entre les pavés.

Si l'écurie est humide, on y remédie en faisant exhausser le sol, en établissant des courants d'air et en enlevant les matières salpêtrées.

Assainissement et désinfection.

1° Des écuries qui ont servi à des animaux malades.
2° Des ustensiles et meubles d'écurie.

3° Des harnais, selles et brides.

4° Des effets de pansage.

5° Des vêtements, etc., etc.

Malgré les observations mentionnées plus loin au sujet de la contagion, il reste néanmoins entendu qu'il convient après une maladie épidémique, d'employer tous les moyens d'assainissement propres à en éviter le retour par le procédé aussi propre qu'économique que voici ; (décision ministérielle du 28 février 1859).

Composition du liquide destiné à assainir les harnais et les écuries qui auront servi à des animaux affectés ou suspectés de morve et de farcin :

Un litre de chlorure d'oxide de sodium et douze litres d'eau de rivière mélangés.

Moyen de l'employer pour les harnais

Il faut démonter les harnais, enlever les panneaux et coussinets de selles, etc.

Les mors de bride, de filets et de bridons d'abreuvoir et les étriers seront détachés des cuirs.

Toutes ces parties, ainsi isolées, seront lavées une à une, et à plusieurs reprises, avec une brosse en racine, fréquemment trempée dans la préparation. On brossera avec un soin particulier les parties qui d'ordinaire se trouvent plus spécialement en contact avec le cheval.

Quant aux couvertures, à la bourre et au crin, on se bornera à les laisser tremper cinq minutes dans l'eau chlorurée. Au fur et à mesure que chaque objet sera lessivé, on le jettera dans un baquet d'eau naturelle ;

on l'en retira immédiatement pour l'étendre et le faire sécher.

Un litre de ce liquide suffit pour un harnais complet.

Pour les écuries et objets qu'elles renferment, on commencera par enlever les fumiers, nettoyer et balayer l'écurie, puis, avec le mélange mentionné plus loin d'un litre de chlorure d'oxide de sodium et douze litres d'eau de rivière, on lavera fortement, au moyen d'une brosse de racine, les *murs, mangeoires, rateliers* et toutes les *parties* de l'écurie.

Pour les parties élevées on emploiera des balais trempés dans la solution sus-mentionnée.

Ce lessivage sera suivi d'un lavage fait à grande eau ordinaire, pour entraîner toutes les sécrétions détachées et dissoutes par l'action du chlore.

On procédera de la même manière pour les objets mobiliers tels que : *barres, cordes, coffres à avoine, fourches, pelles, seaux, baquets, tinettes* et généralement pour tous les autres effets ou ustensiles placés dans l'écurie, y compris les lits des domestiques, etc., etc.

Si le sol de l'écurie est pavé ou formé d'un sol dur et uni, le lavage suffira pour sa purification ; mais s'il est raboteux ou présente des cavités, il conviendra de le repiquer et le battre.

La désinfection ainsi opérée, on ouvrira les portes et les fenêtres de l'écurie pour enlever l'humidité, et dès qu'elle ne se fera plus sentir, on pourra sans crainte faire habiter l'écurie par des chevaux sains.

Expérience exemplaire.

Quatre litres de chlorure, dont la composition est indiquée ci-dessus, versées dans quatre seaux d'eau, ont suffi pour l'assainissement d'une écurie ayant les dimensions suivantes,

Savoir :

Longueur...   9 mètres 20 centimètres.
Largeur .... 4 id. 45   id.
Hauteur..... 3 id. 75   id.

En moyenne, il faut un litre de liquide pour l'emplacement de deux chevaux.

Les effets d'habillement que portaient habituellement les personnes qui pansaient et soignaient les *animaux morveux*, *farcineux* et *enragés*, devront être lessivés à l'eau de chlorure et passés ensuite à l'eau ordinaire.

Quant aux effets qui ont servi au pansage des chevaux morveux et farcineux, l'étrille peut être passée au feu, et les autres objets bien lavés à l'eau de chlorure, mais il serait plus prudent de les détruire.

Remède infaillible contre la rage.

Prendre chez le pharmacien trois poignées de *Datura Stramonium* (pomme épineuse), les faire bouillir dans un litre d'eau jusqu'à réduction de moitié, puis faire prendre cette boisson toute d'une fois au malade.

Une rage violente survient bientôt, mais de courte durée; une transpiration y succède; au bout de vingt-quatre heures le malade est complètement guéri. Ce remède a été communiqué par le R. P. le grand missionnaire qui a évangélisé aux dernières années l'empire d'Annam et le Tonkin, et qui aujourd'hui accompagne l'escadre française dans ses excursions dans les côtes de ces contrées.

Le Révérend Père en a fait lui-même l'expérience et sur soixante malades auxquels il l'a fait prendre, il a obtenu soixante guérisons (*Courrier des Familles.*) Ce remède, d'une application facile et dont l'efficacité a été officiellement constatée, doit donc être considéré comme une découverte importante au point de vue des services qu'il peut rendre, et nous ne pouvons que le recommander aux familles éloignées des villes qui doivent se munir, par précaution, des ingrédiens nécessaires.

Construction des Écuries.

Ainsi que nous l'avons dit, la grandeur de l'écurie doit être proportionnée au nombre de chevaux qu'elle doit recevoir. Comme l'éleveur destine à la remonte des élèves qui ne peuvent être livrés qu'à 4 ans, le minimum de ces animaux (y compris la mère) ne peut être au-dessous de cinq, et peut aller jusqu'à 6 et 7. Pour préciser autant que possible les dimensions exigées pour obtenir la salubrité, nous donnons ci-dessous les moyens de construction adoptés par l'administration supérieure par suite de rapports officiels de commissions spéciales nommées à cet effet.

L'écurie de 5 à 8 chevaux sur un rang doit avoir :

1° 4 mètres au moins de hauteur, du sol au plafond ;
2° 6 mètres de largeur d'un mur à l'autre ;
3° De 12 ^{m} 50 à 14 ^{m} de longueur.

L'écurie de 5 à 8 chevaux sur deux rangs doit avoir :

1° 10 ^{m} 40 de largeur, s'élevant croupe à croupe ;
2° 12 mètres s'ils sont placés tête à tête.

Le cheval étant placé il doit rester au moins 2 mètres 60 centimètres de terrain libre derrière lui.

En général, les bonnes écuries sont vastes, hautes, bien aérées et construites sur un terrain élevé ; les fenêtres et les portes doivent être établies dans les murs de façade, le moins possible au nord ; la dimension doit être de 2 mètres de largeur sur 2 ^{m} 60 de hauteur pour les portes.

Les croisées doivent être dans la proportion d'une pour 3 chevaux ; leur dimension doit être d'un mètre carré et à 3 mètres du sol, de manière que la partie supérieure arrive au niveau du plafond et permette en les ouvrant de renouveler l'air, en faisant disparaître les émanations de la partie supérieure de l'écurie.

Lorsqu'une écurie déjà construite n'a pas les dimensions précitées, on doit y suppléer en perçant des ventouses ou cheminées d'appel dans la partie supérieure et dans l'axe des passages, en arrière des chevaux et se fermant à volonté.

Les ventouses inférieures ne doivent être employées qu'avec réserve à cause du danger des courants d'air qu'elles produisent, surtout pour les juments nourrices.

Avantage des Stalles.

Le barrage des chevaux reconnu d'une efficacité incontestable aujourd'hui, roule sur deux systèmes différents qui sont :

1° Des poteaux placés en arrière des chevaux, reliés par des traverses pour soutenir les cordes de suspension des barres à 1 mètre 50 cent. d'intervalle, au moins ;

2° Des stalles qui ne doivent pas avoir moins de 1 mètre 65 cent. de largeur, en général, à l'exception de celle de la jument pleine ou nourrice, qui doit être d'autant plus large qu'il sera nécessaire de la laisser en liberté. Il vaudrait mieux encore les disposer de manière à ce que tous les chevaux fussent en liberté s'il était possible.

Dans le premier cas les barres doivent être garnies en paille pour éviter les coups de pied, mais nous ne craignons pas d'accorder une grande préférence aux stalles, quoique ce système soit plus onéreux que celui des barres.

Pavage des écuries.

Le pavage doit être en bois, grès, cailloux, pierres coupées, briques, ciment, bitume ou terre battue, suivant les localités.

Il doit être posé sur une forme résistante et garni dans tous ses joints d'une matière imperméable et adhérente, telle que le mortier hydraulique, le ciment de Pouilly ou l'asphalte suivant leur adhésion relative aux pavés mis en usage.

La pente doit être de 5 centimètres par mètre pour l'écoulement des urines.

Mangeoires.

Les mangeoires doivent être en bois dur, en pierre dure ou en fonte, suivant la qualité et le prix de ces matières dans chaque localité.

Elles sont posées sur un massif en maçonnerie dont le parement doit avoir, comme la face antérieure des mangeoires, une inclinaison en surplomb du 5me par rapport à la verticale. L'arête supérieure de cette face doit être à 1 mètre 10 centimètres de hauteur au-dessus du sol.

La mangeoire doit avoir 20 cent. de profondeur, 30 cent. de largeur en haut et 24 cent. au fond.

Celles en bois doivent être divisées par cheval au moyen de séparations en planches; elles doivent être éloignées de 15 cent. du mur et le chevron du bas qui forme le râtelier de 10 cent. afin que la poussière du foin et de la paille puisse tomber à terre ; l'écartement du chevron du haut doit être à 40 cent. du mur contre lequel est appuyé le ratelier.

Les mangeoires en bois doivent être garnies en tôle par devant.

CHAPITRE V.

Renseignements Divers.

MODÈLES DE SIGNALEMENTS.

1° Signalement simple.

HONGRE (*ou Jument*) à tous crins, taille 1 m. 51 c., 7 ans, bai, en tête, prolongé entre les naseaux, 3 balzanes, dont une antérieure herminée hors montoir, appartenant au sieur X............, propriétaire et demeurant à..........

2° Signalement composé,

Race ...., à tous crins, 9 ans, taille 1 m. 34 c., bai cerise, 2 balzanes postérieures herminées, brillant dans ses allures, paraissant avoir beaucoup de fond; les extrémités et le corps exempts de marques apparentes de faiblesse, de tares et d'usure, etc., appartenant au sieur X.,........., propriétaire, éleveur, demeurant à..........

Ruses des Maquignons.

Dans les pays des éleveurs de chevaux, les maquignons sont constamment en campagne pour s'approprier le bénéfice des propriétaires de chevaux, dont

ils exploitent l'ignorance au point de vue de la destination à donner à leurs produits. Ils dénaturent, autant
que possible, le mérite des élèves pour arriver à faire
des échanges, pour lesquels ils ont toujours des sujets
réunissant toutes les conditions exigées, etc., etc., qui,
en définitive, sont autant d'exagérations inventées pour
tromper le propriétaire-éleveur qui peut voir disparaître dans une heure le fruit d'une année de labeur.

1° Le cheval doit être vu à nu sans couverture; toutes
les fois qu'on vous présente un cheval avec les poils des
extrémités et des oreilles sans être coupés, on cherche
à cacher des eaux aux jambes, etc. ;

2° Quand l'animal s'agite à votre approche et que
le maquignon cherche à détourner votre attention d'un
point sur un autre, persistez dans votre examen primitif ;

3° Quand l'animal se tourmente, raidit la queue et
tremble, regardez l'anus où il a été introduit du gingembre. Ramené à son état naturel, le cheval est sans
vigueur ;

4° Quand le cheval vous est présenté dans un faux
jour, dans un coin obscur, attachez-vous à la vue,
elle sera défectueuse ;

5° Quand le cheval est atteint d'une grande salivation, c'est que des substances l'ont provoquée dans le
but de dérober des défauts tels que la carie des dents,
les marques artificielles, etc. ;

6° Quand les maquignons veulent avancer l'âge d'un
poulain, ils arrachent les dents de lait et gagnent ainsi
une année ;

7° Quand un vieux cheval est bien conservé dans ses extrémités, les maquignons renouvellent les cavités des dents avec une lime. Alors le cheval ne veut pas se laisser toucher la bouche ;

8° Quand le maquignon monte son cheval devant vous, c'est l'éperon du côté opposé où vous êtes qu'il fait agir afin de lui donner une apparence de vivacité ;

9° Quand le cheval est sourd, le maquignon l'agite sans cesse; mais dans ce cas, le cheval inquiet, par la crainte du châtiment, regarde de côté et l'oreille est dans l'inaction ;

10° Quand le cheval est atteint de fistules, le maquignon a soin de nettoyer le foyer purulent en masquant et fermant l'ulcère par une substance glutineuse ou graisseuse ;

11° Quand un cheval est poussif, le Maquignon le tient dans un exercice modéré, tout en simulant des efforts pour calmer sa vivacité factice.

12° Quand le Maquignon vous présente un cheval ayant de la boue ou toute autre matière aux pieds, aux jambes et aux jarrets, prenez garde aux exostoses, mollettes, vessigons etc.

13° Si un cheval a la taupe, et que surtout on a rapproché les oreilles par un point de suture entre leur base et le toupet, il ne se laisse point approcher.

14° Si le cheval hors d'âge a les salières pleines, c'est généralement, qu'elles auront été ouvertes par une incision à la peau, qu'on y aura introduit de l'air pour remplir cette cavité et qu'on les aura recousues ensuite.

Cependant cette difformité n'est pas toujours un signe de vieillesse et on peut toujours en reconnaître la nature par une pression du doigt, sur cette partie.

Conclusions sur la comparaison des deux races chevaline et bovine.

Comparaison du coût de l'élève du cheval et du bœuf, en général, dans toutes les contrées en France.

	CHEVAUX.	BŒUFS.
Du jour de la naissance, jusqu'à l'âge d'un an, la dépense est la même ; à un an, le prix du jeune bœuf de bonne race est de 100 fr. à 120 fr. soit	» »	120
A un an, le prix du poulain ordinaire, mais de bonne origine, bien conformé, est de 200 fr. celui du poulain de tête promettant un cheval d'attelage ou de luxe est de 300 fr. à 500 fr. Arrêtons-nous au prix de	200	» »
De deux à trois ans, le prix du bœuf s'élèvera de 250 à 350 fr; il commence à gagner sa vie par son travail. Prenons le prix de. . .	» »	350
De deux à trois ans, le prix du cheval bon, mais commun, est de 200 à 300 fr., pour le cheval de tête et d'une belle espérance il sera de 4 à 500 fr., Arrêtons-nous au chiffre de.	350	» »

De deux à trois ans, le jeune cheval bien nourri doit commencer à gagner sa vie, dans un pays où les routes seront bonnes et faciles, un travail modéré aidera au développement de ses muscles.

De trois à 4 ans, le prix du bœuf, augmentera peu, il pourra s'élever à 450 fr. ci . . . | | 450 (bœufs)

Le cheval au contraire acquiert toute sa valeur vénale; cheval commun, mais bien conformé, il vaudra de 400 à 600 fr., cheval de remonte, de 650 à 750 et 900 fr., cheval d'officier ou d'équipage de luxe, il vaudra de 1000 à 1200 fr. Laissons-lui un prix courant, mais bien marchand ci . . . . | 675 | (chevaux)

Des chiffres ci-dessus, il résulte, que le bœuf vaut à l'âge de 4 ans ci . . . . | | 450 (bœufs)

Que le cheval à l'âge de 4 ans, vaut au moins. | 675 | (chevaux)

Différence à l'âge de 4 ans : 225 fr.

Au moment où nous écrivons ces lignes, le cheval vaut dans la plaine de Tarbes, à un an, de 200 à 400 fr.

Le cheval est aussi facile à élever, plus facile même que le bœuf, pour ceux qui savent le conduire avec douceur et intelligence.

Ajoutons encore cette judicieuse réflexion dun patriarche de l'agriculture, que, aux hommes compétents, sans nul doute, l'élève du cheval, est une bonne et utile industrie, mais qu'elle ne saurait grandir et s'accroître, que parallèlement avec l'amélioration de nos routes. Faites des chemins, vous verrez naître des chevaux.

Ici la lettre impériale du 5 janvier 1860 et les cir-
culaires qui en sont, la suite assurant une satisfac-
tion complète, nous dispensent d'entrer dans des détails, qui seront expliqués plus tapd.

Définition de l'Empirisme.

Pour sa justification, l'empirisme se réfugie souvent derrière ces mots : pratique et expérience, comme pouvant tenir lieu des connaissances théoriques et
spéciales qui lui manquent. Voici les observations que
nous lui opposerons à ce sujet.

S'il est des circonstances dans lesquelles la théorie
tombe devant la pratique, assurément ce n'est pas, et
ce ne peut être dans l'exercice de la médecine.

L'expérience dans l'art de guérir est l'habileté à garantir le corps humain des maladies auxquelles il est
exposé, à les guérir, lorsqu'elles se sont manifestées.

Par analogie, passant de la médecine humaine à la
médecine vétérinaire, il faut ajouter :

Cette expérience suppose la connaissance de son sujet, la capacité d'en remarquer et d'en différencier
toutes les parties ; elle demande un esprit en état de
réfléchir sur ce qu'il y a lieu d'observer, de passer
des phénomènes à leur cause, du connu à l'inconnu
de saisir les mystères de la nature dans ce qu'elle
peut laisser apercevoir. L'érudition nous fournit la connaissance historique, l'esprit d'observation nous apprend à voir, et le génie à conclure ; ce n'est donc

point l'occasion de voir beaucoup qui fait l'expérience, la simple intention d'une chose n'apprend rien, l'observation attentive d'un fait n'est même pas encore ce qu'on entend par la vraie expérience ; ce n'est qu'avec l'organisation la plus heureuse et l'esprit le plus réfléchi qu'on doit la chercher, soit dans les ouvrages des savants, soit dans le sein de la nature même. Il faut surtout être prêt, en toutes circonstances, à renoncer aux principes de sa première éducation, dès que l'on en reconnaît l'insuffisance ou la fausseté. (*Dictionnaire des sciences médicales; tome 7, Page 205*).

Le résumé qui précède des pensées de celui de tous les auteurs qui a le plus solidement écrit sur l'expérience en médecine fera mieux connaître l'idée qu'on peut s'en faire, que tout ce que nous pourrions en dire. Personne n'a comme lui distingué la vraie de la fausse expérience.

Cette dernière n'a et ne peut avoir pour base que le désordre et le danger ; il faut que l'empirisme se persuade bien que l'observation seule ne conduit pas à une expérience vraie et solide et que ses déclamations ne constituent que le théâtre sur lequel se déroulent *l'ignorance* et le *charlatanisme* luttant contre les livres et l'étude, en ravalant l'art de guérir au niveau des professions mécaniques qu'il suffit de voir pour y devenir habile par l'audace.

En effet, il est à remarquer que ceux qui se livrent habituellement à l'empirisme ne manquent jamais d'affecter une certaine provision théorique dans leur raisonnement absurde et même souvent avilissant pour

la science et qu'ils développent à l'ombre de la naï-
veté de ceux qui les écoutent. Leur ignorance fait
leur force, en approuvant et flattant même jusqu'à
leurs ridicules.

Que les cultivateurs, dignes à tous égards de notre
intérêt, se figurent bien, une fois pour toutes, que ceux
qui se livrent à l'empirisme sont ceux qui affectent de
s'éloigner du dogmatisme, précisément parce qu'ils manquent *d'instruction. d'intelligence* et de *jugement* pour
l'aborder de front et l'approfondir. Encore leur échap-
pe-t-il quelques expressions qui révèlent un dogmatisme de contre-façon, inventé par eux et pour eux, mais
qu'ils n'osent produire au grand jour dans la crainte de
trahir le secret de leur ignorance.

Nos nombreuses relations avec les agriculteurs nous
ayant souvent mis en contact avec l'empirisme, voici
ce que nous avons personnellement eu l'occasion de
constater :

En général, l'empirisme n'a pas précisément la confiance des cultivateurs, mais voici les deux raisons
principales qui lui assurent encore beaucoup trop souvent la préférence sur le médecin-vétérinaire :

1° La modicité du prix de visite ou d'abonnement ;

2° L'éloignement du chef-lieu de canton ou d'aron-
dissement où se trouvent les médecins-vétérinaires.

Tout en respectant, avant tout, les deux raisons
avouées qui précèdent, nous craignons bien que la
première ne l'emporte sur la seconde, qui ne trouverait
tout au plus de justification que dans l'exercice de la
médecine humaine où la célérité a toujours une impor-

tance réelle qu'il ne faut pas confondre ici avec un cas de médecine vétérinaire.

Responsabilité de l'empirisme.

En général, l'empirisme étant dépourvu de diplôme et exerçant en dehors de la légalité, se croit affranchi de toute responsabilité envers les propriétaires de bestiaux, en cas d'accident provenant de son fait; il est dans l'erreur, ainsi que nous l'expliquerons plus loin.

D'ailleurs, nous sommes fondés a espérer que le gouvernment dont la sollicitude ouvrant, constatant et suivant, pas à pas, suivant les circonstances, la marche de toute progression, ne manquera pas de compléter un jour les bienfaits déjà obtenus par le bénéfice des art. 35 et 36 de la loi du 19 ventôse, an 11 (10 mars 1803) qui, en prenant pour base l'article 319 du code pénal, ont donné lieu aux arrêts de la Cour de Cassation en date des

18 Septembre 1817 et 20 Juillet 1833.

Nul doute que l'équitable assimilation dont la civilisation fait ressortir chaque jour la nécessité n'obtienne bientôt un ensemble légal et satisfaisant pour les deux exercices de la médecine.

Au surplus, dans l'intérêt de la *science*, de *l'industrie chevaline* et même des *empiriques* et afin d'éviter à ces derniers le danger de se compromettre, nous ne pouvons mieux faire que de les renvoyer à un arrêt très-bien motivé de la Cour de Cassation, du 1er Juillet 1851, prenant pour base l'art. 1382 du Code Napoléon.

(Affaire Peyron et autres contre Mormés.)

Voir Sirey T. 1er, page 585. — (1851.)

Danger de l'empirisme.

Après avoir fait ressortir autant que possible les abus qui s'opposent à la richesse hippique en France, il entre dans la tâche de l'auteur de signaler comme l'un des principaux obstacles à la reproduction chevaline, le contact malheureusement trop immédiat de l'empirique avec le propriétaire éleveur. C'est là que l'ignorance éclate dans son affligeante incapacité.

En effet, n'est-il pas regrettable de voir un grand nombre de propriétaires suivre aveuglément les conseils de cette foule de prétendus guérisseurs, se donnant pour habiles dans une science dont ils ignorent les principes et les connaissances exactes, n'ayant d'autre talent que celui d'insinuer dans le vulgaire des idées qui dégradent la raison humaine.

Tous les jours n'avons-nous pas à enregistrer que des Juments de race de la plus belle conformation, comme poulinières, sont données sur l'avis de l'empirique à des étalons particuliers, chargés de vices et de tares transmissibles par voie de génération ?.

Un grand nombre de Juments n'avortent-elles pas, pour avoir été écartées des règles hygièniques dont il est parlé plus haut, règles méconnues, bien qu'indispensables.

N'avons nous pas à déplorer la perte d'un nombre considérable de poulains tués à la suite d'une parturition laborieuse pour avoir été arrachés de vive force par ces effrontés, ignorant les principes de l'accouchement qu'ils pratiquent cependant avec aplomb?...

Il faut le dire, tous ces produits vicieux ou tarés, de même que ces pertes de nature différentes, qui constituent la ruine et par suite le découragement du propriétaire éleveur, sont dus en général à l'existence de l'empirisme.

Les abus que nous venons de signaler nous paraissent de nature à éclairer les éleveurs et à les décider à abandonner pour toujours ces dangereux routiniers, qui avaient tant d'intérêt à les séduire. Ils doivent donc donner leur juste préférence à des médecins vétérinaires instruits, qui possèdent sur le cheval des connaissances puisées dans des écoles spéciales, dirigées par de savants professeurs.

En effet, pour combiner le bon rapport d'une jument avec un étalon, n'est-il pas indispensable de connaître et d'apprécier leur *nature*, *leur conformation, la race à laquelle* ils appartiennent, afin de pouvoir corriger les défauts de l'un au moyen des qualités de l'autre?. Personne ne doit l'ignorer; aussi nous avons la conviction que les propriétaires éleveurs d'un pays comme la France, dont la richesse et la fertilité offrent tant de garanties pour une bonne reproduction chevaline, revenant d'une erreur passagère se détourneront du sentier des fausses croyances pour suivre celui des principes et de la vérité.

FIN DU MÉMOIRE COURONNÉ.

TABLEAU D'EFFECTIF

DES ÉTALONS

RÉPARTIS PAR CATÉGORIES ENTRE LES DIVERS ÉTABLISSEMENTS

de

L'ADMINISTRATION DES HARAS.

TABLEAU *Porté au dernier Compte-rendu de l'Administration des Haras pour l'année 1851, donnant la répartition par Catégorie de l'effectif des Étalons entre les divers Établissements de l'Administration.*

Établissements.	Départements.	EFFECTIF	Étalons DE PUR SANG.			Étalons DE DEMI-SANG.		ÉTALONS DE TRAIT AMÉLIORÉ.	ÉTALONS MULASSIERS
			anglais	arabe	anglo-arabe.	légers.	carrossiers		
Abbeville	Somme,	36	4	4	»	3	23	5	»
Angers	Maine-et-Loire,	63	15	4	1	16	30	»	»
Aurillac	Cantal,	41	3	12	7	11	8	»	»
Blois	Loire-et-Cher,	35	3	»	»	5	24	3	»
Braisne	Aisne,	40	4	1	4	»	30	4	»
Charleville	Ardennes,	10	4	»	»	»	6	»	»
Cluny	Saône-et-Loire,	45	9	4	4	10	24	»	»
Langonnet	Morbihan,	63	4	2	3	14	28	12	»
Jussey	Haute-Saône,	32	1	»	»	»	11	20	»
Lamballe	Côtes du Nord,	61	4	1	2	19	28	7	»
Libourne	Gironde,	40	11	»	5	11	13	»	»
Monthier-en-Der	Haute-Marne,	44	3	»	1	6	25	9	»
Napoléon-Vendée	Vendée,	77	3	2	4	9	57	»	2
Perpignan	Pyrénées-Orientales,	35	4	5	»	15	11	»	»
Pau	Basses-Pyrénées,	70	19	15	12	23	1	»	»
Pin (Le)	Orne,	96	12	»	»	15	71	»	»
Pompadour	Corrèze,	46	9	11	7	15	6	»	»
Rodez	Aveyron,	35	5	1	3	17	9	»	»
Rosières	Meurthe,	72	4	3	2	35	28	»	»
Saintes	Charente-Inférieure,	54	3	3	1	11	36	»	»
Saint-Lô	Manche,	83	5	»	3	12	63	»	»
Saint-Maixent	Deux-Sèvres	45	4	1	2	7	22	»	9
Strasbourg	Bas-Rhin,	51	1	»	»	10	40	»	»
Tarbes	Hautes-Pyrénées,	106	20	18	9	50	9	»	»
Villeneuve-sur-Lot	Lot-et-Garonne,	43	9	4	7	25	»	»	»
Dépôt des Remontes		3	3	»	»	»	»	»	»
Bonneval	Eure-et-Loire,	9	»	»	1	1	6	1	»
Totaux............		1335	106	82	72	334	609	61	11
Étalon prêté par l'institut agronomique de Versailles............		1	1	»	»	»	»	»	»
Totaux............		1336	167	82	72	334	609	61	11

STATISTIQUE

DE LA

POPULATION CHEVALINE

EN FRANCE.

STATISTIQUE

DE LA POPULATION CHEVALINE EN FRANCE EN 1851.

Numéros de classement.	Départements.	Chevaux.	Juments.	Poulains.	Total.	Observations.
1	Finistère.	52,645	50,502	22,385	105,550	
2	Manche.	22,828	56,580	12,603	91,811	
3	Côtes-du-Nord.	22,431	51,075	16,332	89,858	
4	Seine-Inférieure.	29,262	49,219	8,715	87,194	
5	Aisne.	38,750	32,966	11,099	82,815	
6	Pas-de-Calais.	20,543	43.976	15,754	80,275	
7	Nord.	55,122	53,078	10,978	79,178	
8	Ardennes	54,558	51,899	10,686	76,923	
9	Somme.	27,586	57,453	9,979	75,018	
10	Meurthe.	57,857	22,090	12,138	72,065	
11	Moselle.	33,415	19,587	10,751	63,753	
12	Meuse.	51,948	21,156	10,528	63,452	
13	Ille-et-Vilaine.	38,491	18,472	5,470	62,433	
14	Calvados.	18,416	53,767	7,994	60,177	
15	Marne	54,684	17,770	5,243	57,667	
16	Sarthe.	15,217	53,083	7,709	56,009	
17	Seine-et-Oise.	46,246	5,402	2,086	53,734	
18	Oise.	55,771	15,050	2,047	52,868	
19	Côte-d'Or.	24,676	21,121	6,964	52,761	
20	Orne.	17,185	27,637	7,603	52,425	
21	Eure.	36,569	11,202	5,580	51,151	
22	Mayenne.	14,858	25,126	10,904	50,888	
	A Reporter......	648,618	660,011	209,294	1,517,925	

STATISTIQUE

DE LA POPULATION CHEVALINE EN FRANCE EN 1851.

Nos de classement.	Départements.	Chevaux.	Juments.	Poulains.	Total.	Observations.
	Reports..............	648,618	660,011	209,294	1.517,923	
23	Bas-Rhin.	26,123	17,472	6,106	49,701	
24	Haute-Marne.	19,957	21,123	7,350	48,430	
25	Vosges.	20,516	15,321	6,946	42,783	
26	Morbihan.	19,354	17,909	5,136	42,399	
27	Eure et Loire.	17,152	19,335	4,640	41,127	
28	Maine-et-Loire.	17,152	19,335	4,640	41,127	
29	Seine-et-Marne.	33,726	5,198	1,123	40,047	
30	Loire-Inférieure.	18,880	16,201	4,362	39,443	
31	Aube.	17,055	15,528	3,856	36,439	
32	Seine.	21,240	15,103	28	36,371	
33	Charente-Inférieure.	15,957	17,210	2,522	35,689	
34	Deux-Sèvres.	5,904	23,133	4,167	33,204	
35	Cher.	13,783	13,134	5,868	32,785	
36	Gironde.	15,408	7,643	8,226	31,277	
37	Isère.	15,365	12,714	2,882	30,961	
38	Loiret.	16,869	9,512	3,030	29,411	
39	Vendée.	4,551	18,997	5,713	29,261	
40	Loire-et-Cher.	21,897	5,728	1,513	29,138	
41	Yonne.	15,670	10,248	2,345	28,263	
42	Vienne.	7,443	18,405	2,040	27,884	
43	Indre-et-Loire.	20,963	5,909	980	27,852	
44	Basses-Pyrénées.	7,489	14,775	3,040	25,304	
	A reporter..........	1021072	979,940	295,807	2.296,819	

STATISTIQUE

DE LA POPULATION CHEVALINE EN FRANCE EN 1851.

Numéros de classement	Départements.	Chevaux.	Juments.	Poulains.	Totaux.	Observations.
	Reports............	1,021,072	979,940	295,807	2,296,819	
45	Bouches-du-Rhône.	16,094	7,729	999	24,822	
46	Haut-Rhin.	13,918	7,391	3,290	24,599	
47	Haute-Saône.	11,968	8,066	3,382	23,416	
48	Landes.	10,113	9,598	3,324	23,035	
49	Saône-et-Loire.	8,649	10,165	3,903	22,717	
50	Indre.	11,560	7,200	3,427	22,187	
51	Aude.	8,878	9,451	1,514	19,843	
52	Charente.	8,051	10,438	1,272	19,761	
53	Doubs.	7,783	8,197	3,583	19,563	
54	Jura.	9,461	6,779	2,766	19,006	
55	Gers.	5,495	10,425	2,853	18,773	
56	Hautes-Pyrénées.	2,600	11,500	2,800	16,900	
57	Corse.	» »	» »	» »	16,829	Les détails manquent.
58	Ain.	6,837	7,252	2,688	16,777	
59	Nièvre.	6,614	6,961	2,775	16,350	
60	Haute-Garonne.	4,783	9,480	1,882	16,145	
61	Dordogne.	8,046	5,941	651	14,638	
62	Lot-et-Garonne.	7,337	5,323	1,127	13,787	
63	Puy-de-Dôme.	7,290	4,892	885	13,067	
64	Cantal.	2,049	8,161	1,332	11,542	
65	Var.	6,903	3,356	906	11,165	
	A reporter........	1,185,501	1,138,245	341,166	2,681,741	

STATISTIQUE

DE LA POPULATION CHEVALINE EN FRANCE EN 1851.

Numéros de classement.	Départements.	Chevaux.	Juments.	Poulains.	Total.	Observations.
	Reports.........	1185,501	1138,245	341,166	2,683,741	
66	Drôme.	7,262	3,129	746	11,137	
67	Gard.	6,734	3,421	386	10,541	
68	Haute-Loire.	2,329	6,619	1,583	10,531	
69	Allier.	5,449	3,378	1,554	10,381	
70	Ariège.	2,983	5,694	1,662	10,339	
71	Tarn.	2,677	6,327	1,044	10,048	
72	Aveyron.	2,764	5,995	1,005	9,764	
73	Rhône.	7,846	1,467	252	9,565	
74	Loire.	6,742	2,026	533	9,301	
75	Corrèze.	5,838	2,664	528	9,030	
76	Haute-Vienne.	3,593	4,502	710	8,805	
77	Pyrénées-Orientales.	3,633	3,863	983	8,479	
78	Tarn-et-Garonne.	2,915	4,635	914	8,464	
79	Hérault.	4,557	2,871	292	7,720	
80	Vaucluse.	3,806	2,805	488	7,099	
81	Lozère.	2,186	3,623	1.200	7,009	
82	Lot.	3,811	2,695	415	6,921	
83	Ardèche.	3,853	2,360	427	6,640	
84	Creuse.	2,387	2,745	1,046	6,178	Les détails manquent
85	Basses-Alpes.	» » » »	» » » »	» » » »	5,586	(idem).
86	Hautes-Alpes.	» » » »	» » » »	» » » »	4,289	
	Totaux.........	1266,866	1209,064	356,934	2,859,568	

CHAPITRE COMPLÉMENTAIRE

DU

MÉMOIRE COURONNÉ

par

LE COMICE AGRICOLE

CHAPITRE COMPLÉMENTAIRE

DU

MÉMOIRE COURONNÉ

par

LE COMICE AGRICOLE

PREMIÈRE PARTIE.

Des concours. — Formalités. — Modèle de Déclaration. — Ventes et Primes. — Contagions. — Saillie des Juments poussives. — Indemnités de mortalité.

Formalités à remplir par les exposants.

Tout cultivateur, éleveur ou propriétaire des races Chevaline et bovine, dans l'intention d'être admis à exposer, doit en faire la déclaration écrite au Ministre de l'agriculture, du commerce et des travaux publics.

Cette déclaration doit indiquer le nom et l'adresse du propriétaire, (commune et département), la catégorie et les sections dans lesquelles les bestiaux doivent concourir; leur origine, leur race, leur âge, leur robe, la durée de possession et en quel lieu ces animaux ont résidé pendant cette durée.

MODÈLE DE DÉCLARATION.

Je soussigné (propriétaire ou fermier), demeurant à   Commune de

Département de   déclare vouloir présenter au concours de

Espèces. BOVINE, OVINE, PORCINE OU AUTRES.	Classe OU CATÉGORIE DANS LAQUELLE L'ANIMAL DOIT CONCOURIR	Races.	Sexes.	Robes.	Numéros AUX SABOTS OU AUX CORNES & AUTRES SIGNES PARTICULIERS PROPRES A FAIRE DISTINGUER L'ANIMAL.	Généalogie. Son père.	Sa mère.	Age A L'ÉPOQUE DU CONCOURS.	Né chez.... INDIQUER LA DATE DE LA NAISSANCE SI ON LA CONNAIT, LA DURÉE DE POSSESSION ET LE NOM DE LA LOCALITÉ OU L'ANIMAL A RÉSIDÉ	Élevé chez	Observations. INDIQUER LES PRIX PRÉCÉDEMMENT OBTENUS, LA GÉNÉALOGIE COMPLÈTE DE L'ANIMAL. TOUS LES DÉTAILS PROPRES A LE FAIRE APPRÉCIER

Certifiant sincères et véritables les renseignements ci-dessus, et m'engageant à présenter le dit Animal

au concours de   le   18

A   le   18

Signature de l'exposant.

Réclamer des modèles de déclaration au Ministère, dans les préfectures et sous-préfectures, et avoir soin de ne mettre qu'un seul animal sur chaque déclaration.

Nota. — Les frais de conduite et de transport sont apportés par les exposants, d'après le tarif réduit consenti par les compagnies des chemins de fer, à la condition de justifier de l'admission au concours, en représentant la lettre d'avis délivrée par le Directeur de l'Agriculture *(Arrêté ministériel en date du 20 septembre 1859).*

Vente de bestiaux primés.

Les animaux mâles et femelles primés aux concours régionaux doivent être conservés par leurs propriétaires, au moins pendant 6 mois ; s'ils sont vendus à des tiers, la clause de conservation pendant les 6 mois qui suivront le concours devra être expressément imposée aux acheteurs.

En cas d'inexécution de cette prescription de leur part ou de celle des tiers détenteurs, les propriétaires d'animaux primés devront être exclus, à l'avenir, des concours de l'État, à moins qu'ils ne puissent prouver, par un certificat de vétérinaire, légalisé par le Maire de la commune, les faits d'accidents ou de maladies graves qui auront nécessité une autre destination que celle donnée à l'animal primé. (Arrêté ministériel en date du 20 septembre 1859).

Maladies contagieuses.

En cas de maladies contagieuses, les propriétaires ou éleveurs d'animaux sont tenus d'en faire la déclaration à l'autorité locale, sous peine d'un emprisonnement de 6 jours à 2 mois et d'une amende de 16 à 200 francs (Code Pénal, art. 459).

Saillie des Juments poussives.

En attendant une mesure législative, qui semble ne pas devoir se faire attendre longtemps, voici une circonstance sur laquelle nous devons appeler toute l'attention des éleveurs qui achètent des juments poussives pour les livrer à la reproduction.

La *pousse* est une maladie grave et jugée comme transmissible par voie de génération maternelle ; son siège paraît être dans les poumons et se manifeste par un battement de flancs en deux temps ; mais lorsque la jument est pleine, et surtout dans les trois derniers mois, ce battement de flancs disparaît en partie, pour un grand nombre, suivant la conformation de l'animal.

Il est donc indispensable de provoquer dans ce cas, par une pression du larynx, avec la main, une toux qui aura lieu à l'instant, avec ou sans rappel.

Comme il est rare que la pousse se déclare chez les jeunes chevaux, cette précaution s'applique particuliè-rement aux animaux d'un âge avancé dont on a voulu se débarrasser pour la cause indiquée plus haut.

En effet, au-dessous de l'âge de 6 à 7 ans, les chevaux sont généralement affranchis de cette affection, à moins toutefois :

1° D'un régime hygiénique irrégulier ;
2° D'un travail forcé après un long repos ;
3° De l'insuffisance d'air dans l'écurie. (Voir Construction des écuries).

Les indications qui précèdent s'adressent naturellement aussi aux propriétaires de vieilles juments poussives qui ont fourni un bon service et dont ils cherchent souvent à retirer un fruit avant de s'en défaire. La maladie héréditaire dont il est parlé plus haut atteindra souvent le poulain dès l'âge de 5 à 6 ans.

Indemnités en cas de mortalité.

Il est à considérer que l'administration supérieure, toujours empressée à encourager par tous les moyens à sa disposition les propriétaires et éleveurs, ne doit et ne peut accorder d'indemnités en cas de mortalité de bestiaux, qu'à la condition expresse que ces derniers auront reçu les soins d'un médecin-vétérinaire breveté, et sur la production d'un certificat sur papier timbré. (Loi du 24 vendémiaire, an 11.)

D'ailleurs, une nouvelle instruction ministérielle (de mai 1860) porte : « aucun propriétaire ne pourra prétendre désormais à des indemnités pour pertes de bestiaux morts d'épizootie, sans justifier d'un certificat du Maire constatant qu'un vétérinaire breveté a été appelé pour les traiter; le seul cas où ce certificat ne serait pas exigé est celui où il n'y aurait pas de vétérinaire breveté dans un rayon de 8 kil., autour de l'habitation dans laquelle l'épizootie aura régné. »

DEUXIÈME PARTIE.

Renseignements supplémentaires sur les chevaux arabes. (Voir page 18.)

Races du Sahara-Algérien. — Le cheval de race. — Opinion des Arabes. — De l'inceste chez les Chevaux. — Origine des Haymour d'après les contes arabes. — Histoire de Ben-Zyan et de la jument Mordjana. — Histoire de Mohamed-Ben-Moctar. — El-Arby-Ben-Ouaregla. — La famille Anglo-Arabe d'après les comptes-rendus.

Quant aux chevaux arabes qui semblent n'avoir pas encore acquis la préférence en France, voici ce qu'en dit M. le Général Daumas :

« Les tribus qui habitent le Sahara ont toujours pu, mieux que celles du Teull, se soustraire aux caprices oppressifs et spoliateurs des différents conquérants de l'Afrique ; c'est donc évidemment chez elles que la race Barbe a dû conserver toutes les qualités d'élégance, de vitesse et de sobriété qu'on s'accorde universellement à lui reconnaître. »

En effet, c'est une chose que nous pouvons confirmer par notre long séjour en Afrique, après avoir eu en notre possession pendant 10 années un cheval Barbe : en 1852, ce cheval quoique âgé de dix-sept ans avait conservé une telle vigueur et de tels aplombs, que, malgré son âge, il fût encore autorisé comme étalon pour la monte dans le département de la Gironde.

Ce cheval qui nous avait été donné par le Prince

Gouverneur de la province de Constantine, dont nous commandions l'escorte, a fait à l'âge de 2 ans les expéditions de la Kabylie et du désert du Sahara, dans lesquelles, il nous a par sa vitesse et ses moyens d'action en général, non seulement sauvé la vie deux fois, mais encore valu une récompense militaire, qui fût l'objet d'un ordre du jour.

Ce cheval dont nous avons été forcé avec regret, par notre admission à la retraite, de nous défaire, existe encore et est très-brillant à la selle.

Différentes races du Sahara Algérien, suivant le Gal Daumas.

Les races estimées dans la partie occidentale du Sahara Algérien sont au nombre de trois : celle de Haymour, celle de Bou-Ghareb et celle de Mérizique.

Les Haymour produisent ordinairement des chevaux Baïs ;

Les Bou-Ghareb, des chevaux blancs ;

Et les Mérizique, des chevaux gris.

Les Haymour sont les plus recherchés ; ils sont d'une belle conformation, bien étoffés et pourtant très-légers. Ils demeurent sans tares jusqu'à un âge très avancé et ne sont possédés que par les familles les plus riches et les plus nobles.

Vient ensuite la race de Bou-Ghareb. Elle donne des produits d'une plus grande taille. — Les Bou-Ghareb courent très-longtemps sans se fatiguer; mais sont moins vites que les Haymour ; comme eux, ils se conservécut sains jusqu'à une très-grande vieillesse.

Enfin les Mérizique, qui ont moins de taille et de fond que les précédents, sont solides, bien membrés, très sobres ; ils sont surtout recherchés des simples cavaliers qui ont de longues courses à fournir et de grandes fatigues à supporter.

Mais la race Haymour est supérieure à toutes les autres. Aussi l'imagination arabe n'a pas manqué de lui trouver un avantage particulier ; car un cheval de cette race fait pendant 5 à 6 jours de suite de 25 a 30 lieues. Après 2 jours de repos et une bonne nourriture, il peut recommencer sa marche.

Les voyages dans le Sahara ne sont pas toujours d'aussi longue haleine, mais il n'est pas rare, d'un autre côté, de voir des chevaux faire 50 ou 60 lieues dans les 24 heures.

On a remarqué que le cheval vite à la course avait la tête bien attachée et l'apophyse transversale de l'atloïde toujours très-protubérante..

Afin d'éviter de redire ce que chacun peut avoir lu dans les livres nous laisserons parler les nombreux Arabes que nous avons interrogés. Voici le portrait qu'ils donnent du cheval de race, (le buveur d'air).

Le cheval de race est bien proportionné, il a les oreilles courtes et mobiles, les os lourds et minces, les joues dépourvues de chair, les naseaux larges comme la gueule du lion, les yeux beaux, noirs et à fleur de tête ; l'encolure longue, le poitrail avancé, le garrot saillant, les reins ramassés, les hanches fortes, les côtes de devant longues et celles de derrière courtes ; le ventre évidé, la croupe arrondie, les testicules serrés et bien sortis, les rayons supérieurs longs comme ceux de l'Autruche et garnis de muscles comme ceux du chameau ; les saphènes peu apparentes, la corne noire, d'une seule couleur, les crins fins et fournis, la chair dure, la queue très grosse à sa naissance et déliée à son extrémité.

Il doit avoir en résumé :

Quatre choses larges : le *front*, le *poitrail*, la *croupe* et les *membres*.

Quatre choses longues : *l'encolure*, les *rayons supérieurs*, le *ventre*, et les *hanches*.

Quatre choses courtes : les *reins*, les *paturons*, les *oreilles* et la *queue*.

Toutes ces qualités dans un bon cheval, disent les Arabes, prouvent d'abord qu'il a de la race et aussi qu'il est à coup sûr bon coureur, car sa conformation tient tout ensemble de celle du *Lévrier*, de celle du *Pigeon* et de celle du *Makari*, (chameau coureur).

La jument doit prendre : du *Sanglier*, le courage et la longueur de la tête ; de la *Gazelle*, la grâce, l'œil et la bouche ; de *l'Antilope*, la gaîté et l'intelligence ; de *l'Autruche*, l'encolure et la vitesse ; de la *Vipère*, le peu de longueur de la queue. Un cheval de race se reconnaît à d'autres signes encore. Ainsi, on ne pourrait le décider à manger l'orge dans une autre musette que la sienne ; il aime les *arbres*, la *verdure*, *l'ombrage*, *l'eau courante*, jusqu'à hennir de joie à l'aspect de ces objets ; rarement il boit avant d'avoir troublé l'eau, et, si des obstacles de terrain s'opposent à ce qu'il le fasse avec les pieds, quelque fois il s'agenouille pour le faire avec sa bouche. A chaque instant il crispe les lèvres ; ses yeux sont toujours en mouvement, il abaisse et relève alternativement les oreilles et tourne son encolure à droite ou à gauche comme s'il voulait parler ou demander quelque chose. Si à tous ces caractères un cheval joint la sobriété, celui qui le possède peut se considérer comme ayant deux ailes.

Un tel cheval ne consentira jamais à saillir sa *mère*, sa *sœur* ou sa *fille*. Un grand Seigneur avait un cheval magnifique, issu d'une jument fameuse dans le désert ; il voulut lui faire couvrir sa mère et ne put y réussir. L'étalon s'en approchait par moments, mais s'éloignait tout-à-coup avec horreur. Pour triompher de cette répugnance, on imagina un jour de lui bander les yeux et de lui présenter la jument enveloppée, elle-même, de haïcks qui la rendaient tout-à-fait méconnaissable. Il la saillit alors, mais aussitôt après le fils reconnut sa mère s'enfuit de toute sa vitesse et alla, de désespoir, se jeter dans un précipice.

Ce conte populaire chez les Arabes nous semble prouver que, pour eux, les unions incestueuses amènent nécessairement la dégénérescence des races.

Voici l'origine de la race de Haymour, suivant la légende que donnent les Arabes.

Un chef possédait une jument magnifique. Elle fut blessée dans une chasse à l'Autruche ; on craignait qu'elle ne restât boiteuse. Son maître ne la voyant pas guérir et fatigué de la traîner avec lui dans tous ses déplacements, ne pouvait cependant se résoudre à la tuer : il l'abandonna dans les pâturages. Au retour d'un long voyage, il se souvint de sa jument et s'enquit de ce qu'elle était devenue : elle était en très bon état et sur le point de mettre bas.

Il se la fait amener, en prend le plus grand soin, et bientôt se voit le maître d'un poulain qui n'avait pas son pareil dans tout le désert. Aucune tribu n'avait passé depuis longtemps dans le lieu où la bête avait été laissée. Les Arabes voulurent croire qu'elle avait été saillie par un âne sauvage, (hamar el ouáhheh), et ils donnèrent au poulain le nom de *Haymour*, qui est celui du produit de ce dernier animal.

Une tribu, avertie que ses ennemis méditent une razzia contre elle, enverra pour les observer des éclaireurs (chouâfin), montés sur des juments, filles de juifs (benate el ihoude), tant elles seront adroites et rusées. Ces cavaliers n'emporteront qu'une ration d'orge, le souper du cheval ; ils voyageront aux diverses allures, mais de manière à ménager habituellement leurs mon-tures et iront s'embusquer à une trentaine de lieues de leur point de départ, pour *tuer la terre* (découvrir). Si leurs observations sont de nature à leur faire concevoir des craintes immédiates pour les leurs, ils reviendront au plus vite, afin de prévenir la tribu qu'elle ait à fuir sans aucun retard ; dans le cas contraire, ils s'en retour-neront plus sagement et arriveront encore dans leurs tentes avant la prière du soir, après avoir fait quelque fois ainsi *cinquante* ou *soixante* lieues en vingt-quatre heures. S'il y a un combat le lendemain, le cheval pourra y prendre part ; quand le cheval d'un *chouaf* vient à mourir dans une reconnaissance tentée pour le salut commun, il est remplacé aux frais de la tribu entière.

On cite au sujet de distances considérables parcourues par des chevaux du désert, des faits qui paraîtraient fabuleux, si les héros n'existaient encore et si des témoins n'étaient là pour confirmer leurs dires. En voici un, entre mille, qui nous a été raconté par un homme de la tribu des Arbâas. Nous le laissons parler.

J'étais venu dans le Teull avec mon père et les gens de ma tribu pour y acheter des grains. C'était sous le pacha Aly; les Arabes avaient eu de terribles démêlés avec les Turcs, et comme leur intérêt du moment les portait à feindre une soumission complète pour obtenir l'oubli du passé, ils convinrent qu'ils gagneraient à prix d'argent l'entourage du pacha et lui enverraient à lui-même, non son cheval médiocre, comme d'habitude, mais une bête de la plus grande distinction. C'était un malheur, mais Dieu l'avait voulu : il fallait se résigner. Le choix tomba sur une jument *gris pierre de la rivière*, connue dans tout le Sahara ; elle appartenait à mon père et on le prévint qu'il eût à se tenir prêt à partir le lendemain pour la conduire à Alger.

Après la prière du soir, mon père, qui s'était bien gardé de faire la moindre observation, vint me trouver et me dit :

Ben-Zyan, y a-t-il de toi aujourd'hui? laisseras tu ton père dans l'étroit ou bien lui rougiras-tu la figure ?

— Il n'y a en moi que votre volonté, mon seigneur, lui répondis-je. Parlez, et si vos ordres ne sont point exécutés, c'est que je serai vaincu par la mort.

—Écoute. Ces enfants du péché veulent me prendre ma

jument pour arranger leurs affaires avec le Sultan, tu sais, ma jument grise qui a toujours porté bonheur à ma *tente*, à mes *enfants*, à mes *chamelles*, ma jument grise, celle qui est née le même jour que ton frère le plus jeune. Parle?... Souffriras-tu que l'on fasse cette honte à ma barbe? La joie et le bonheur de ta famille sont entre tes mains. Mordjana (c'était le nom de la jument) a mangé l'orge ; si tu es mon fils de la *vérité*, soupe, *prends tes armes*, et puis, à la tombée de la nuit, fuis au loin dans le désert avec le bène que nous aimons tous.

Sans répondre un seul mot, je baisai la main de mon père ; je pris le repas du soir, je quittai *Berouaquia*, heureux de prouver ma tendresse filiale, et riant par avance du désappointement qui attendait nos *cheikhs* à leur réveil. Je marchai longtemps, craignant d'être poursuivi, mais Mordjana dormait dans la main, et je m'étudiais plutôt à la calmer qu'à l'exciter.

Vers les deux tiers de la nuit, le sommeil me gagnant, je m'arrêtai, mis pied à terre, saisis les rênes et les roulai au tour de mon poignet. Je plaçai mon fusil sous ma tête et m'endormis enfin, mollement couché sur l'un de de ces palmiers-nains si communs dans notre pays. Au bout d'une heure je me réveillais ; toutes les feuilles du palmier-nain avaient été mangées par Mordjana ; nous partîmes. La pointe du jour nous trouva à Souagui ; ma jument avait sué et séché trois fois ; je lui donnai du talon, elle but à Sidibouzid, dans *l'Ouad Elouyl*, et, le soir, je fis la prière du soir à *Leghouat*, après lui avoir présenté un peu de paille pour lui faire attendre patiemment l'énorme musette d'orge qui l'attendait. Ce ne sont pas là des courses pour vos chevaux, nous dit Si-Ben-Zian en terminant, pour vos chevaux à vous autres chrétiens, qui allez d'Alger à Blidah, *treize lieues*, loin *comme de mon nez à mon oreille*, et croyez pourtant avoir fait beaucoup de chemin.

Cet homme avait fait, lui, *quatre-vingt lieues, en vingt-quatre heures* : sa jument n'avait mangé que les feuilles du palmier nain sur lequel il s'était couché ; elle n'avait bu qu'une fois, à moitié chemin, et il nous jura *sur la tête du prophète* qu'il aurait pu aller coucher le lendemain à Gardaya, (quarante-cinq lieues plus loin), si sa vie avait été en péril.

Si-Ben-Zyan, appartient à une famille de marabouts, des Ouladsalahh, fraction de la grande tribu des *Arbâa,* il vient souvent à Alger. Il racontera cette histoire à qui voudra l'entendre, et l'appuiera, au besoin, de *témoignages authentiques.*

Un autre Arabe, nommé Mohamed-ben-Mokhtar, était venu acheter des grains dans le Teull, après la moisson ; ses tentes étaient déjà placées sur *louad seyhrouan,* et il s'occupait de son commerce, avec les Arabes du Teull, quand le bey *Bou-Mezray* (le père de la lance), vient fondre sur lui à la tête d'une nombreuse cavalerie, pour châtier l'un de ces délits imaginaires que savaient inventer les Turcs comme prétexte à leur rapacité. Aucun bruit n'avait transpiré : la razzia fut complète, et les cavaliers du Makhzen se livrèrent à toutes les atrocités ordinaires en pareil cas. Mohamed-ben-Mokhtar monte alors rapidement sur sa jument bai brulé, magnifique bête connue et enviée de tous les Sahariens, et comprenant la gravité de la position, il se décide à sacrifier toute sa fortune au salut de ses trois enfants ; il met l'un d'eux, âgé de quatre ans, sur le devant de sa selle ; un autre, âgé de six ou sept ans, derrière lui, embrassant le troussequin, et il allait emporter le dernier dans le capuchon de son burnous, quand sa femme lui dit : non! je ne te le donnerai pas. Ils n'oseront pas tuer un enfant à la mamelle. Pars, je le garde avec moi, Dieu nous protégera. Mohamed-Mokhtar s'élance alors, fait le coup de fusil et sort de la mêlée ; mais vivement pressé, il marche le jour et la nuit suivante et entre le lendemain soir dans Laghrouat, où il est en sûreté.

Peu de temps après, il sut que sa femme avait été sauvée par des amis qu'il avait dans le Teull.

Mohamed-ben-Mokhtar et sa femme vivent encore, et les deux enfants qu'il a emportés sur sa selle sont aujourd'hui cités parmi les plus beaux cavaliers de la tribu.

Est-il une chose plus dramatique, plus digne du pinceau, que cette famille sauvée par un cheval au milieu du pillage et de l'ardente mêlée ?

Et pourquoi chercherions-nous à prouver ce fait ? Tous les anciens officiers de la division d'Oran peuvent raconter qu'en 1837, un général, mettant la plus grande importance à obtenir des renseignements de Tlemcen, donna son propre cheval à un Arabe pour aller les lui chercher ; celui-ci parti du Château-Neuf, à quatre heures du matin, y rentrait le lendemain à la même heure, après avoir fait *soixante-dix lieues* sur un terrain bien autrement accidenté que le désert.

L'un des meilleurs et des plus dangereux cavaliers de cette tribu des *Arbâa* est encore *El-Arby-Ben-Ouaregla*. Sa balle ne tombe jamais à terre ; il appartient à la fraction des *Hadjadj* où il est connu autant pour la réputation personnelle qu'il s'est faite, que par une aventure de son enfance.

Il était encore à la mamelle. Son père Mohamed-ben-dokha, surpris également par les ennemis, le coula dans sa large *habaya* et l'y maintint avec sa ceinture ; puis, tandis que sa famille et ses troupeaux s'enfuyaient, monté sur une jument qui arrachait la larme de l'œil, il fit le coup de fusil toute la journée à l'arrière-garde, sauva ses richesses et tua sept hommes.

Voici comment les Arabes du Sahara résument la perfection d'un cheval : il doit porter un homme, ses armes, ses vêtements de rechange, des vivres pour tous deux, un drapeau, même au jour du vent; traîner, au besoin, un cadavre et courir toute la journée sans penser ni à boire ni à manger.

Dans l'opinion des Arabes, le cheval vit de **20** à **25** ans et la jument de **25** à **30** ans. Quant à l'usage qu'on en peut faire, un proverbe exprime leur idée à cet égard:

Sebâa slikrouya. Sept ans pour mon frère.

Sebâa lya. Sept ans pour moi.

Sebâa la adouya. Sept ans pour mon ennemi.

C'est donc de **7** à **14** ans que le cheval est le plus apte à supporter les fatigues de la guerre.

Nous avons eu plusieurs fois la curiosité de demander aux Arabes s'ils savaient d'où leur venaient ces chevaux dont ils étaient si fiers. A cette question ils désignaient du doigt l'Orient, et répondaient : ils viennent de la *patrie du premier homme*, où ils ont été créés un jour ou deux avant lui, et ils ajoutaient à l'appui de cette croyance :

Dieu à dit :

J'ai créé pour l'homme tout ce qui est sur la terre. Je donne tout à Adam et à ses descendants. L'homme sera la plus noble des *créatures*, comme le cheval le plus noble des *animaux*.

Or, quand un chef doit venir commander, on lui prépare la tente pour l'abriter, les tapis sur lesquels il doit s'asseoir, les aliments qui doivent satisfaire ses goûts, et surtout les *cavaliers*, qui doivent le suivre pour exécuter ses ordres; donc le cheval à dû être créé avant la venue d'Adam.

Après l'opinion de M. le général Daumas, voici, à son tour, ce que constate par un compte-rendu, l'administration des haras.

En France, la famille anglo-arabe n'est pas le résultat d'un métissage : elle est le produit épuré d'alliances entre sujets de races pures, ayant fait leurs preuves comme reproducteurs, et déjà connus par la manière dont il se reproduisent eux-mêmes. Si dissemblable extérieurement qu'on fasse et qu'on voie le cheval arabe de si noble extraction, ces deux animaux n'ont pourtant qu'une seule et même origine; ils découlent l'un et l'autre du même principe, tous deux procèdent du type le plus pur qui existe. Comment le fruit de leur union cesserait-il d'être pur et homogène dans sa nature, dans son sang, lorsqu'il est la reproduction directe du cheval arabe et du cheval anglais, expression la plus pure l'un et l'autre du prototype de l'espèce ?

En appatronnant le cheval arabe et la jument anglaise, on ne fait donc pas de mésaillance ; on n'altère la pureté de race ni de l'un ni de l'autre. On cherche seulement à modifier les formes extérieures et par suite l'aptitude ; on ne porte aucune atteinte au principe même de la race qui fait sa force et son utilité.

La création des races locales dont il est parlé dans notre travail étant toujours une tâche longue et difficile, nous avons cru devoir entrer dans ces détails, afin de laisser aux éleveurs le choix entre les différents systèmes de reproduction.

En général, les améliorations énumérées dans ce travail doivent être attribuées, ainsi que nous l'avons déjà dit :

1° Aux efforts du gouvernement à encourager les éleveurs.

2° Aux progrès de ces derniers qui, stimulés et dirigés sans cesse par le zèle éclairé de l'administration des Haras et de MM. les Officiers de remonte, ont enfin compris l'avantage d'une industrie qui acquiert de jour en jour une importance incontestable.

Cependant, quelques éleveurs semblent encore se préoccuper des questions suivantes et demandent si elles ne sont pas de nature à nuire à cette industrie :

1° La suppression d'un grand nombre de relais de poste.

2° La suppression du service des messageries, roulage, etc.

3° La diminution du Halage sur les rivières naviga-bles, etc.

Nous croyons pouvoir résoudre négativement ces questions par les raisons qui suivent.

Compensation. — Pour les chevaux de selle :

1° La concentration en France de la remonte de l'armée.

2° L'élévation des tarifs de l'État, pour le cheval de guerre.

3° L'abaissement de la taille réglementaire pour le mêmes.

4° L'exportation toujours croissante, constatée officiel-lement par l'administration de la Douane, précisément à cause de nos améliorations de races.

Compensation. — Pour les chevaux de trait :

1° Le service des omnibus, du camionnage et des correspondances, sur les lignes de chemins de fer en exploitation.

2° Les nombreux ateliers de terrassements pour la construction des lignes en projet et l'entretien des voies.

3° Le percement (ainsi que nous l'avons déjà dit) des voies de communication dans tous les départements, tendant de plus en plus à faciliter la circulation.

Ces améliorations ayant naturellement inspiré le besoin d'atteler, il en résulte que les habitants des cam-pagnes parcourent en voiture ce qu'ils parcouraient naguère, soit à pied, faute de chemins tracés, soit en montant des chevaux médiocres.

Dans le premier cas le progrès est complet et dans

le second cas, nous passons du cheval médiocre au cheval réunissant les conditions réglementaires, soit pour le Train, soit pour l'Artillerie.

En effet, on ne peut atteler que le cheval étoffé qui ne coûte pas plus à élever que le cheval médiocre et mérite à tous les égards la préférence.

Au surplus, il ne devrait jamais naître, en France, un cheval au-dessous de la taille et des autres conditions, soit de remonte, soit d'un bon service dans l'industrie dont il est parlé plus haut, en dehors, enfin, d'une utilité générale. La France n'en sera jamais trop pourvue, et le cheval serait alors plus vendable pour son propriétaire.

D'ailleurs, sous ce rapport il convient de s'en rapporter exclusivement à l'administration des haras, qui, renseignée par les commissions hippiques, ne manque jamais, lors de sa distribution d'étalons pour la monte annuelle, d'apprécier les convenances des races suivant les localités.

Après avoir énuméré, plus loin, les diverses compensations, s'il restait encore des doutes à ce sujet, nous pourrions les lever par les arguments sans réplique que voici :

1° Jamais, en France, les chevaux n'ont été à des prix aussi élevés qu'aujourd'hui ;

2° Les améliorations importantes qui font l'objet de la lettre Impériale à S. E. le Ministre d'État, en date du 5 janvier 1860, assurent incontestablement des garanties sérieuses aux grands intérêts agricoles, au rang desquels se place l'élève des bestiaux, comme moyen de satisfaire aux divers services de la France dont la Statistique Générale donne le tableau suivant :

Superficie générale..........	52,768,000	hectares.
Parcelles......................	126,210,194	Id.
Rivières navigables...........	8,817	kilomètres.
Canaux.......................	4,715	Id.
Routes impériales............	36,038	Id.
Routes départementales.....	45,626	Id.
Routes stratégiques.........	1,463	Id.
Chem^{ns} de gr^{de} et p^{te} com^{ou}..	558,441	Id.
Population...................	36,039,364	habitants.
Dont....................	20,351,628	agriculteurs

Pour les besoins généraux desquels 23 millions sont alloués à l'exercice 1860.

TROISIÈME PARTIE.

Vices rédhibitoires des Bestiaux.

LÉGISLATION.

Énumération des Vices Rédhibitoires. — Requête en action Rédhibitoire. — Délais et Formalités. — Garanties de l'acheteur. — Chapitre additionnel à la Loi du 20 Mai 1838. — Formalités pour la reddition au vendeur.

Vices rédhibitoires.

Les vices rédhibitoires prévus par la législation sont, dans les diverses espèces :

Pour le Cheval, l'Ane et le Mulet :

1° La fluxion périodique des yeux.
2° L'épilepsie ou mal caduc.
3° La Morve.
4° Le Farcin.
5° Les maladies anciennes de poitrine ou vieilles courbatures.
6° L'immobilité.
7° La Pousse.
8° Le Cornage chronique.
9° Le Tic, sans usure des dents.

10° Les Hernies inguinales.

11° La Boiterie intermittente pour cause de vieux mal.

Pour l'espèce Bovine:

1° La Phthisie pulmonaire ou pommelière.

2° L'Epilepsie ou mal caduc.

3° Les Suites de la Non-délivrance. ⎰ après le part

4° Le Renversement du vagin ou de ⎱ chez le ven-

l'utérus. deur.

Pour l'espèce Ovine:

1° La Clavelée. Cette maladie reconnue entraîne la rédhibition de tout le troupeau, s'il porte la marque du vendeur.

2° Le Sang de rate. Cette maladie n'entraînera la rédhibition de tout le troupeau qu'autant que dans le délai de la garantie limitée, ci-après, la perte constatée s'élèvera au *quinzième*, au moins, des animaux achetés. Dans ce dernier cas, la rédhibition n'aura lieu également que si le troupeau porte la marque du vendeur.

Pour faire reprendre l'animal atteint d'un vice rédhibitoire, il faut présenter une requête au juge de paix du canton où se trouve l'animal, si le prix est au-dessous de 200 francs, et, au-dessus de ce chiffre, devant le tribunal de première instance de cet arrondissement.

Les délais pour intenter l'action rédhibitoire seront, non compris le jour fixé pour la livraison :

1° De *trente* jours pour le cas de fluxion périodique des yeux et d'épilepsie ou mal caduc.

2° De *neuf* jours pour les autres cas.

L'acheteur doit toujours, pour sa garantie, connaître les nom, prénoms, profession et domicile du vendeur et les relater dans la requête, à qui de droit, mentionnée plus haut.

Si le prix de l'animal est au-dessus de 150 francs, l'acheteur doit se faire consentir par le vendeur une déclaration écrite qui établisse ce prix ; au-dessus de ce chiffre, il n'y a plus de preuves testimoniales. (Art. 1341 du Code civil). Sans cette formalité, l'acheteur s'exposerait à perdre le bénéfice du recours contre le vendeur (Voir les Art. 1644 et 1664 du même Code.)

Chapitre additionnel à la loi du 20 mai 1838.

« A moins de stipulations particulières entre l'acheteur et le vendeur, ce dernier est tenu à la garantie d'un animal méchant, dont les vices se découvrent après sa livraison et le rendent impropre à l'usage auquel on le destine, en compromettant la sûreté de son nouveau propriétaire. » (Art. 1641 du Code Napoléon).

La Société impériale et centrale de médecine-vétérinaire ajoute la *rétivité* et la *méchanceté*, aux vices rédhibitoires du cheval, (*Journal des Haras* — N° de mars 1859).

Formalités à remplir
pour la reddition au vendeur d'un animal atteint de vices rédhibitoires.

Dès que l'acheteur reconnaît qu'un animal est atteint

d'un vice rédhibitoire, il doit, de suite, en faire la déclaration au juge de paix du canton où se trouve l'animal et présenter à ce magistrat une requête tendant à faire nommer des experts, afin de constater le vice rédhibitoire, dans les délais prescrits par les articles 3, 4 et 5 de la loi du 20 mai 1838. Cette constatation devra porter :

1° La date de la livraison.

2° Le sexe, l'âge et le signalement de l'animal.

3° Là date et le prix d'achat.

4° Les noms, profession et domicile du vendeur.

5° Le vice rédhibitoire dont l'animal est atteint.

6° La date de l'expiration de la durée de la garantie légale. Les formalités qui précèdent sont de rigueur, sous peine d'être déchu de tous droits.

Dispositions d'un arrêt de la Cour Royale de Paris
(16 Mars 1844).

« L'acheteur d'un animal réputé contagieux et qui n'a exercé contre son vendeur aucune action pour vices rédhibitoires, dans les délais accordés par la loi du 20 mai 1838, est recevable à réclamer des dommages-intérêts par voie d'action civile, sur les poursuites correctionnelles dirigées par le ministère public contre le vendeur convaincu d'avoir gardé sciemment en sa possession un animal contagieux, sans en avertir l'autorité municipale. »

QUATRIÈME PARTIE.

Équitation.

Notions d'équitation pratique.

Après avoir énuméré à peu près toutes les questions qui se rattachent aux intérêts pécuniaires des agriculteurs, éleveurs ou propriétaires de bestiaux, le tableau effrayant des accidents constatés annuellement et officiellement en France et dont ils sont victimes par la nature de leurs occupations journalières, nous fait un devoir d'entrer ici dans quelques détails de nature à les éclairer et les guider dans la pratique.

En effet, il y a en France beaucoup de personnes qui montent et attellent des chevaux, mais, malheureusement il en est peu qui sachent s'en servir sans courir à chaque instant des dangers imminents pour les familles. Nous pourrions même dire que les moyens généralement employés pour *diriger, dresser* et *dompter* ces animaux sont souvent contraires à tous les principes, par conséquent, de nature à provoquer la défiance au lieu d'obtenir l'obéissance des animaux et propres dès lors à aggraver le mal.

En s'écartant ainsi involontairement, sans doute, du but qu'on se propose, on arrive aux deux résultats également désastreux que voici :

1° A un péril presque toujours imminent pour la vie du propriétaire.

2° A une dépréciation de l'animal

Notions théoriques

Relatives aux inconvénients qui précèdent et de nature à y remédier.

En principe, c'est par la douceur et non par la rigueur que l'on corrige les défauts, en développant les facultés et les qualités domestiques des jeunes chevaux.

Pour leur inspirer la confiance, à moins de reconnaître le vice au lieu de l'ignorance, il faut toujours préférer la persuasion et la récompense au châtiment, qui est la dernière extrémité, et, surtout, n'exiger de l'animal que ce qu'il peut accorder. Demander à un jeune cheval au delà de sa force, c'est provoquer sa défense et sa ruine, compromettre à la fois la sûreté et les intérêts du propriétaire.

1° Pour les chevaux de selle.

Avant de monter à cheval, il est essentiel de commencer par placer la selle de manière à laisser libres les mouvements du garrot et du rognon ; il faut, entre ce dernier et l'arçon de la selle, une largeur de trois doigts.

La selle, dont les panneaux doivent porter également,

ne doit pas toucher la colonne vertébrale.

La croupière ne doit pas être trop serrée, afin d'éviter la gêne dans la marche et, surtout, les ruades du cheval, etc.

En bridant le cheval, s'il y a un filet, le mors de ce dernier devra toujours être placé au-dessus du mors de la bride, afin de ne pas gêner la liberté de la langue qui doit se placer sous ces deux mors.

Les maillons de la gourmette doivent être rangés de manière à ce qu'elle soit sur son plat.

Les montants de la bride doivent être ajustés de manière à ce que le mors ne soit ni trop haut, ni trop bas; le canon doit se trouver à un travers de doigt au-dessus des crochets.

Il ne faut pas, d'ailleurs, perdre de vue qu'un cheval bien embouché est généralement franc dans ses allures, fatigue peu son cavalier et se fatigue peu, lui-même.

Il est nécessaire aussi avant de monter à cheval d'ajuster les étriers à la même longueur, afin de conserver l'assiette du cavalier et rendre son poids plus supportable au cheval.

Lorsqu'un cheval se cabre, celui qui le monte doit, sans déranger son assiette, porter le haut du corps en avant et ne pas s'attacher aux rênes, ce qui pourrait faire renverser le cheval, mais, au contraire, laisser la main, et faire sentir l'effet des jambes.

Si, au contraire, le cheval cherche à ruer, ce dont on s'apperçoit facilement au ralentissement des jambes de devant, celui qui le monte doit porter le corps un peu en arrière, sans se raidir, et lever la main pour empêcher le cheval de mettre la tête entre les jambes.

Lorsqu'un cheval difficile à monter a résisté à tous les moyens de douceur et de châtiment, il peut arriver que son propriétaire ait, néanmoins, des raisons pour ne s'en défaire qu'à la dernière extrémité, et même pour le garder. Dans ce cas, la plate longe devient toujours nécessaire, mais cette méthode doit être employée avec beaucoup de ménagements, car, les autres moyens ayant déjà aigri le caractère de l'animal, il ne faut pas l'user en voulant le réduire. Chaque leçon, à toutes les allures, ne doit pas durer plus d'une demi-heure, dont vingt minutes avec, et 10 minutes sans careçon (comme récompense à la fin de la leçon).

Pour ce travail, il faut être deux: l'un, placé au point central du cercle, tenant l'extrémité de la longe et le grain destiné à la récompense de l'animal, l'autre, tenant la chambrière, placé au centre de la longe, suivant les dispositions du cheval soit à s'agiter, soit à s'arrêter.

En général, les habitants de la campagne ont la mauvaise habitude, étant à cheval, et en vue de stimuler leur monture, d'agiter les rênes par de grands coups de main. Il est à remarquer que cette mesure est précisément destinée à produire l'effet contraire au but qu'on se propose, car, cette saccade, faisant agir le mors de bride sur les barres, doit avoir pour effet naturel d'arrêter le cheval, ou, au moins, de ralentir son allure au lieu de l'allonger.

Le cavalier doit toujours, autant que possible, avoir deux éperons, car, lorsqu'il est obligé de s'en servir, s'il n'en a qu'un, ce châtiment irrégulier, surtout aux allures vives, peut forcer le cheval à changer de pied et provoquer dans l'aplomb du cavalier, comme dans l'allure de l'animal, un désordre dont le moindre résultat peut amener la chute de l'un ou de l'autre et même de tous les deux.

L'expérience a démontré, d'ailleurs, que c'est aux raisons qui précèdent qu'il faut s'en prendre, si les chevaux montés par les femmes s'abattent plus souvent et se négligent davantage que ceux montés par les hommes.

Le cheval qui sort de l'écurie, et surtout immédiatement après son repas (à moins d'un cas pressé), doit commencer sa marche à une allure lente, sauf à passer à une allure plus vive après avoir parcouru 2 à 3 kilomètres. Sans cette précaution on s'expose à provoquer un grand désordre dont le moindre résultat est *la pousse*.

2° Pour les chevaux de trait.

Ainsi que nous l'avons déjà dit, les moyens faciles de communication, dans presque toutes les parties de la France, permettent d'atteler et de parcourir en voiture ce que nos pères parcouraient à cheval ou à pied, mais il est démontré que les accidents les plus graves, sinon les plus nombreux, sont incontestablement les suivants :

1° Chevaux attelés et en marche prenant le mors aux dents ;

2° Chevaux prenant la fuite pendant l'attelage ou le dételage.

Dans le premier cas, cela tient à la mauvaise habitude qu'ont les cochers ou conducteurs de se pendre aux guides, d'échauffer ainsi la bouche du cheval qui devient insensible, tandis qu'en élevant et abaissant alternativement la main, ce qu'on appelle *arrêter* et *rendre*, ils conserveraient au mors tous ses moyens d'action sur une bouche fraîche.

Dans le deuxième cas, ils ont également la mauvaise habitude d'atteler d'abord et de fixer les guides ensuite.

Pour dételer ils commencent par déboucler et dégager les guides.

C'est précisément, encore, le contraire qui doit se faire, car tant que les guides sont fixées aux anneaux du mors et retenues soit par une personne encore sur le siège de la voiture, soit par un nœud à la traverse du garde-crotte etc., on peut toujours atteler et dételer en toute sécurité et éviter des malheurs incalculables dont le moindre est, peut-être, le bris de la voiture.

Quelques lecteurs pourront trouver superflus les détails qui précèdent, mais nous devons, dès à présent, trouver notre justification dans les objections que voici:

1° Lorsqu'on s'adresse à cette grande famille d'agriculteurs au milieu de laquelle on a été élevé et dont les plus belles années et souvent la vie entière sont consacrées à la prospérité agricole ;

2° Lorsqu'il s'agit de grandir, propager, améliorer

et encourager l'industrie de plus de vingt millions de cultivateurs, dont les efforts réunis constituent l'une des plus morales et des plus honorables professions, qui aient jamais fait l'admiration du monde civilisé; il n'y a rien de superflu :

1° Pour protéger leurs intérêts matériels ;

2° Pour assurer leur bien-être et préserver leurs jours contre les dangers de toute nature ;

3° Pour les guider d'après notre expérience personnelle, acquise tout entière dans la pratique.

Il n'y a, d'ailleurs, ni petits moyens, ni petites mesures, pour arriver à la persuasion de la vérité et à l'accomplissement d'un devoir plus consciencieux qu'intéressé. La plus belle récompense pour nous serait le succès moral qui nous donnerait lieu de nous applaudir de la tâche que nous nous sommes imposée, en nous prouvant que nous avons atteint le résultat que nous ambitionnons, celui de satisfaire un intérêt agricole. Puisse le but qui nous a inspiré être notre justification aux yeux de nos lecteurs.

CINQUIÈME PARTIE.

Des Haras du Gouvernement.

But et développement de l'Institution. — De son influence dans la reproduction. — Le cheval de course et le cheval travailleur. — Le pur-sang et l'industrie particulière. — Les turfistes et l'école des Haras. — REMONTE.

L'Administration des haras, souvent attaquée par quelques écrivains et rendue responsable des lenteurs du progrès, mérite, suivant nous et à juste titre, les mentions honorables dont elle a été l'objet de la part des conseils généraux, lors de la session de 1859. Ils reconnaissent tous que cette institution touche de près une grande question économique et ont demandé une augmentation de Stations.

En effet, voici entre autres mesures prises par cette administration, celles qui méritent d'être prises en grande considération, au point de vue de l'amélioration chevaline:

1° L'interdiction de la saillie des pouliches de deux ans ;

2° La saillie gratuite des juments primées ;

3° L'Achat d'Étalons d'élite devenus de l'exception la règle, qui sont autant de preuves d'une sollicitude éclairée de nature à encourager les éleveurs et les déterminer à rompre avec une partie de l'industrie privée, que nous considérons comme aussi riche en inconvénients que l'empirisme. Tant qu'elle ne sera pas dans de meilleures conditions, les Eleveurs doivent chercher à se renfermer autant que possible dans le cercle officiel, à la condition, que, de son coté, l'administration des haras se mettra en mesure de satisfaire sur une plus grande échelle aux besoins du service. Mais notre conviction est que c'est de son impulsion uniforme et bien règlementée, que peuvent sortir les garanties d'une reproduction bonne, durable et affranchie, une fois pour toutes, des éléments éphémères que nous avons déjà vu surgir, à l'égard de l'industrie chevaline. Quant aux moyens d'extension et de règlementation, c'est encore à l'administration des haras qu'il faut en laisser les soins, car, toutes les théories mises en avant ne peuvent faire tomber l'expérience acquise dans la pratique, mais à la condition, encore, que la direction des dépôts sera confiée à des hommes spéciaux, ayant fait leurs preuves, dans une unité de principes, de vue et d'action, qui exigent, peut-être, une école préparatoire.

La seule modification que puissent solliciter, quant à présent, les éleveurs, c'est l'élévation des primes à un chiffre qui leur permette de conserver et destiner à la reproduction, un plus grand nombre de juments d'élite, à la condition, cependant, que le choix des Etalons à donner à ces juments sera soumis à l'approbation préalable, soit du Directeur du dépôt qui a fourni la Station, soit d'une Commission spéciale.

C'est peut-être l'occasion de dire, ici, que pour assurer les bases d'une bonne et prompte reproduction chevaline, il serait à désirer que toutes les juments destinées à la reproduction fussent soumises à l'examen d'une commission nommée par l'administration, ayant pour mission :

1° De se réunir tous les ans dans la première quinzaine de janvier, au chef-lieu de canton ou d'arrondissement où seraient convoqués les propriétaires de juments destinées à la reproduction;

2° De délivrer des certificats signalétiques d'aptitude au moyen desquels ces juments pourraient être présentées à l'étalon, mais, en l'absence desquels, la saillie serait rigoureusement refusée.

Pour aller au-devant de l'objection, qui pourrait nous être faite à l'égard des mesures qui précèdent, pouvant avoir pour effet d'éloigner les Eleveurs du service de la monte de l'Etat, en offrant la préférence à l'industrie privée, nous devons, de suite, déclarer qu'il est entendu que ces formalités auraient pour base une mesure prohibitoire autorisée d'avance par l'esprit des lois en vigueur.

Il reste entendu que les mesures qui précèdent entraînent habituellement l'augmentation de l'effectif des Etalons de l'Etat, déjà jugé comme insuffisant dans diverses contrées de la France, où les dépôts ne peuvent répondre aux besoins du service. On place en première ligne, la *Bretagne*, la *Normandie* et la *Picardie*, où se trouvent des chances de reproduction incontestablement supérieure, mais paralysée par l'insuffisance d'Etalons *agricoles, surtout.*

Le pur-sang et l'Industrie particulière

Nous avons déjà fait le procès du cheval anglais pur-sang, mais de nouvelles prétentions s'étant élevées depuis peu, en sa faveur, nous croyons devoir revénir sur cette question importante, par les quelques observations suivantes :

Après avoir indiqué les conditions auxquelles l'industrie particulière et l'administration des haras, elle-même, pouvaient et devaient nous conduire à une bonne reproduction chevaline, il y aurait de l'injustice à ne pas réfuter quelques arguments nouveaux, exclusivement consacrés aux chevaux de course. En parlant de *leurs brillantes qualités,* sur lesquelles on revient, peut-être, trop souvent, nous serons d'autant moins suspect, que nous avons dit et nous répétons que le pur-sang *de course* devait être protégé, mais dans le cercle de sa spécialité, seulement, et non au préjudice des races agricoles, dont nous avons parlé comme pouvant satisfaire à tous les besoins *sérieux.*

En effet, comment justifier la préférence qui semble encore acquise au cheval *coursier* sur le cheval *travailleur ?..*

En dehors du cercle spécial où nous avons placé le pur-sang, que voulez-vous que nous fassions d'un étalon ruiné à 5 ans et dont le seul mérite, sera d'avoir triomphé sur l'hippodrome ?. Le mérite, pour nous, n'est pas là, et en voici les raisons :

Ce triomphe est presque toujours dû à une organisation, que l'un appelle *qualités* et que l'autre appelle *défauts*.

Dans le premier cas, *qualités* pour l'hippodrome;

Dans le deuxième cas, *défauts* pour le travail ordinaire. Que nous importent à nous, vos vainqueurs vieillis, qui n'ont brillé précisément qu'au moyen d'une organisation obtenue au détriment de cette solidité durable que nous cherchons?...

Si les sacrifices considérables mis au service de votre système, ne paralysaient pas le nôtre, mon Dieu, nous vous laisserions faire ; nous assisterions, nous applaudirions, même, à vos représentations, comme au théâtre (*même de M. Conte*), en nous bornant à des vœux pour votre triomphe et le nôtre, sur deux lignes *parallèles*. Mais il n'en est, malheureusement, pas ainsi; car, il est incontestable que le monopole penche de votre côté, et cette fausse voie a pour conséquence d'empêcher l'industrie particulière d'arriver aux conditions d'une bonne reproduction chevaline réclamée par la majorité. Car, malgré ses 800,000 poulinières et ses 10,000 Étalons, tant quelle n'aura pas atteint le degré de perfection qui lui manque, nous serons toujours autorisé à dire que le nombre ne fait pas le mérite, et, tant que son effectif renfermera les éléments vicieux si souvent signalés, nous serons toujours ramené à indiquer les moyens officiels et réglementés de *l'administration des haras*, comme le seul foyer d'une garantie réelle, toujours à la condition de l'extension de cette administration.

Nous voudrions ne voir dans l'attitude de MM. les Turfistes, qui arrêtent ainsi le progrès de notre reproduction chevaline, qu'une erreur passagère née de la fantaisie, mais en examinant les choses de près, on trouve, malheureusement, que c'est en faveur de leur système et au préjudice du nôtre, qu'ont été prises les mesures les plus significatives dans la question. D'ailleurs, il suffira, pour en faire apprécier toute la portée, de les citer. Nous voulons parler de la suppression :

1° Du conseil des haras ;

2° Des courses au trot ;

3° Des jumenteries ;

4° De l'Ecole des haras.

Sans entrer dans les commentaires que pourraient nous inspirer les mesures précitées, nous prendrons seulement la suppression de l'Ecole des haras, en nous servant du propre langage d'un *Turfiste*, furieux des résultats des mesures suivantes :

En 1848, et grâce à l'influence officielle des *culotteurs de pipes*, les dépôts de l'administration des haras reçurent des *peintres, tailleurs, confiseurs, professeurs, hommes de lettres* (peut-être de *barricade*; on ne l'a pas expliqué).

La suppression de l'Ecole des haras, qui devait fournir des hommes spéciaux, ayant eu lieu depuis l'époque mentionnée plus loin, que pourrait dire aujourd'hui notre honorable *turfiste*, dont nous avons enregistré les hauts cris, contre le recrutement du personnel des haras, en dehors de la spécialité?.

Il est vrai, que, s'il faut en croire la chronique, et avec un peu de sincérité, il pourrait nous tenir le langage suivant :

Il entre, précisément, dans notre programme, d'empêcher les hommes spéciaux de se former ou d'arriver à l'administration des haras ; car, à part le côté politique de la *Catastrophe de février*, au fond, nous n'avons pas été fâchés du recrutement dont vous avez parlé, parmi ses héros. Ils ont même travaillé pour nous, car, lorsque nous aurons miné cette administration dans ses bases, de manière à la prendre par ses propres actes, faute d'hommes spéciaux, nous nous chargerons de décrire le cercle dans lequel devra, désormais, tourner l'industrie particulière, à laquelle on ne demande aujourd'hui, que des *Limoniers*, *Normands*, *Bretons* et *Mulassiers* du Poitou, tandis que nous, nous sommes tout et pouvons tout, Passez-nous l'expression, mais, prenez mon ours, en échange du chiffre budgétaire affecté au service de l'industrie particulière, et tout ira bien. Nous avons dit ; au point de vue industriel, il faut protéger également l'élève du cheval *coursier* et du cheval *travailleur* ; mais, dans deux camps et avec des moyens différents, en respectant la distance qui existe entre *l'utile* et *l'agréable,* puisqu'il sera toujours facultatif aux éleveurs agricoles, de retremper leurs croisements chez le pur sang, jusqu'au perfectionnement d'une race homogène qui permettra, alors, d'agir par sélection pour la grandir.

Quoiqu'il en soit, les moyens améliorateurs grandissent chaque jour, et tout porte à croire que l'heureuse initiative impériale, pour l'admission de l'espèce chevaline au concours général de Paris, en 1860, sera d'un puissant encouragement pour les éleveurs sérieux.

Dans le 1er camp, qu'ils fassent des chevaux de service et de guerre, parmi lesquels se trouvent, tout naturellement, les *carrossiers*.

Dans le 2me camp, qu'ils fassent des chevaux de course. Les premiers ne pourront jamais porter préjudice aux éleveurs du pur-sang et les derniers porteront tout au plus préjudice aux marchands....... de jouets d'enfants. Au surplus, l'ordonnance Royale de 1563 ayant disparu devant la loi de 1791, chaque industrie jouit d'une égale liberté complète, que personne ne viendra contester au point de vue commercial.

Remonte.

Plusieurs auteurs ont agité la question de savoir s'il n'y aurait pas économie à supprimer les dépôts de remonte, en achetant à cinq ans les chevaux destinés aux divers services de l'armée.

Sans entrer ici dans des développements qui appartiennent naturellement à l'appréciation de l'administration supérieure, dont l'expérience assure aux éleveurs une mesure équitable, de nature à concilier leurs intérêts avec ceux du service de l'armée et du Trésor nous pensons, néanmoins, que ce projet doit être repoussé pour les raisons suivantes:

1° Les éleveurs sont toujours pressés de se défaire de leurs élèves qui encombrent leurs écuries, et mangeraient dans la 5e année, le meilleur de leurs bénéfices.

2° L'idée d'une bonne reproduction chevaline ne datant guère, en général, que de la fixation à 4 ans de l'âge du cheval de remonte, les éleveurs seraient de nouveau et bien vite découragés, car, ceux qui persisteraient dans l'industrie de l'élève du cheval, ne pourraient garder leurs produits, jusqu'à cinq ans, sans les livrer au travail. Il en résulterait que les chevaux, en général, destinés aux divers services de l'armée, seraient déjà fatigués, lors de la mise en service et souvent refusés par les acheteurs.

3° Les tarifs actuels deviendraient insuffisants pour répondre aux frais de nourriture et de soins pendant 5 années. Delà, nécessité de porter les tarifs de remonte à des chiffres presque aussi élevés que ceux affectés au service des dépôts.

Suivant nous, il n'y a donc pas lieu d'établir de compensation entre la suppression et la conservation de ces établissements, même au point de vue économique.

Il faut encore ajouter, que l'administration se priverait du concours d'un corps d'officiers dont les connaissances spéciales ont déjà rendu des services justement appréciés.

SIXIÈME PARTIE.

Des Épizooties.

Considérations générales. — Définition des maladies épizootiques. — Causes et effets. — Vente et consommation des chairs et du lait des animaux épizootiques. — Lois et ordonnances relatives à leur enfouissement. — De la Contagion dans les tissus cutanés. — Moyens de neutralisation. — Du traitement préservatif des Épizooties. — RENSEIGNEMENTS PHYSIOLOGIQUES.

Considérations Générales

Empruntées en partie au Dictionnaire des Sciences Médicales.

La question épizootique nous paraît d'une telle importance, au point de vue de l'intérêt général, et, en particulier, des *propriétaires éleveurs* ou *locataires* de bestiaux mentionnés dans cet ouvrage, que nous allons entrer dans quelques détails qui s'y rattachent, afin de les éclairer sur les dangers dont ils sont trop souvent menacés. Leurs troupeaux représentent d'ailleurs des capitaux assez considérables, pour que chacun apporte sa quote-part de lumières, de manière à les garantir, autant que possible, contre des calamités heureusement assez rares, mais qui semblent, néanmoins, tenir une cruelle épée de Damoclés au-dessus de la tête d'une classe nombreuse de la société, que nous voudrions voir plus nombreuse encore, comme digne à tous les égards du plus haut intérêt : *celle des Cultivateurs.*

L'étude approfondie des épizooties est ce que la médecine-vétérinaire a de plus important. Ces maladies, qui dévorent en peu de moments des multitudes d'animaux utiles, sont d'autant plus redoutables, qu'elles sont encore peu exactement connues, et qu'on est moins prévenu contre elles. *Obscures et cachées* dans leurs *causes, insidieuses et rapides* dans leur *marche, effrayantes* et *trompeuses* dans leurs *symptômes*, *meurtrières* dans *leurs effets*, elles frappent à la fois un grand nombre de victimes, avant même qu'on en soupçonne la nature et l'existence. En effet, les premiers hommes qui les découvrent sont, presque toujours, des personnes peu instruites, qui ne voient, d'abord, dans la maladie de leurs bestiaux, que l'effet d'une chose vulgaire qu'elles croient toujours facile à déterminer et, dans la mort, qu'une perte locale et individuelle nullement faite pour se rattacher à l'intérêt général. Cependant, un tel mal qui, à sa naissance, semblait ne rien présager de funeste, se propage bientôt avec une incroyable rapidité et menace le troupeau d'une dévastation, peut-être, déjà, aussi inévitable qu'elle paraît étonnante à ceux qui n'ont pas su la prévoir. Favorisé dans ses sinistres accroissements par des milliers de voies variées et nuancées à l'infini, ce mal s'insinue et gagne de proche en proche, envahit des étendues immenses, cause de longues suites de malheurs, résiste quelquefois aux barrières que l'on veut opposer à ses épouvantables ravages, et semble être au-dessus des ressources et des efforts humains. Qui sait si de telles calamités auraient un terme, sans l'intervention des gouvernements et même de la force publique, pour y mettre des entraves?

Mais l'homme aussi est exposé à recevoir, par voie de contagion, certaines de ces maladies, ou à contracter des maladies très graves, auxquelles plusieurs épizooties ont, peut-être, donné naissance, et, trop souvent, il en est résulté la perte de la plus grande partie des individus attaqués, sans qu'il soit au pouvoir de la science de diminuer le nombre des victimes. Un observateur, *Paulot*, constate que, sur *quatre-vingt-douze* épizooties dont parle l'histoire, *vingt-une* ont été communes aux hommes et aux animaux. Un autre, *Buniva*, constate que, sur *vingt* qui ont ravagé l'Italie et la Sicile, *huit* ont attaqué à la fois l'espèce humaine et les bestiaux. L'étude des épizooties n'est donc pas indigne des regards du médecin; plusieurs praticiens célèbres n'ont pas dédaigné de s'en occuper, et, nous devons leur rendre cette justice, c'est à eux, surtout, qu'on doit le plus de lumières et les plus éminents services dans ces tristes moments de calamité publique.

Si l'anatomie comparée est nécessairement liée à celle de l'homme; si les rapports d'organisation qui existent entre tous les mammifères, établissent entre les grands animaux et l'homme des analogies évidentes dans les altérations physiologiques et pathologiques, la pathologie comparée peut offrir des résultats très-utiles pour la science de la médecine générale. Sous ce rapport, la connaissance des maladies des animaux pourra, dans certaines circonstances, contribuer à répandre de nouvelles lumières sur celle de l'homme, et même à perfectionner les méthodes de les guérir ou de les prévenir, attendu la facilité de multiplier, sur les animaux, des expériences qu'on ne peut tenter sur l'espèce humaine.

Le mot *Épizootie*, d'après son étymologie littérale, comprend, sous la même dénomination, toutes les maladies internes, aiguës et chroniques des animaux, du moment où la même attaque en même temps beaucoup d'individus, quelles que soient d'ailleurs la nature, la durée et les causes de l'affection. Mais l'usage a singulièrement restreint l'acception de ce terme *d'épizootie*. Depuis très-longtemps l'on ne considère plus comme épizootie, que les seules maladies internes, toujous très-meurtrières, qui se développent indistinctement et à la fois sur un grand nombre d'animaux de la même espèce, ou quelquefois d'espèces différentes, dans une étendue de pays non limitée, et pendant un temps plus ou moins long, toujours dues à des causes communes plus ou moins générales, quelquefois inconnues, ou du moins imperceptibles à nos yeux, ou appréciables, dans quelques cas seulement, par le rapprochement des faits et les conséquences qui en découlent.

Les épizooties se transmettent ordinairement avec une extrême facilité d'un individu à un autre, elles se présentent, assez généralement, sous le même aspect, suivent une marche analogue, offrent parfois des anomalies qu'on n'apprécie pas à leur juste valeur et qu'on distingue inutilement en espèces particulières ; enfin, elles ont trop souvent une terminaison fatale, surtout *lorsqu'elles sont mal traitées*, ce qui, assurément, est encore pis que si elles n'étaient pas traitées du tout.

Malgré les recherches et les travaux de beaucoup d'hommes instruits, les Epizooties nous paraissent encore, dans la plupart des ouvrages qui en traitent, mal observées, mal connues, mal décrites. Il ne faut pas s'en étonner : la médecine-vétérinaire, bien qu'elle ait fait de grands progrès, est encore peu avancée et loin d'être au niveau de celle de l'homme, elle languit dans son exercice sous l'empire des préjugés de l'*Empirisme*, des pratiques *routinières* et des *abus*. Les maladies des animaux ne sont pas classées convenablement; leur nomenclature laisse peut-être encore à désirer; cependant, malgré tous les obstacles, il faut convenir que la médecine-vétérinaire doit à ses différentes écoles, des améliorations remarquables, qui pourront conduire à des résultats importants, si l'on se montre jaloux de les soutenir, et si, renonçant à tous les vieux principes qui ne sont plus en rapport avec l'état actuel de la science médicale proprement dite, l'on se décide, enfin:

1° A n'enseigner, désormais, que la seule théorie en harmonie avec la saine physiologie ;

2° A défendre la médecine-vétérinaire par une disposition législative contre l'empirisme. Quel que soit notre avancement dans la connaissance des maladies des animaux, la doctrine des Epizooties, telle qu'on la conçoit généralement, laisse encore à désirer sous bien des rapports, et peut-être manque-t-elle d'une base solide, bien déduite des observations recueillies sur les animaux malades et sur leurs cadavres, si on parvenait une fois à poser cette base, que d'avantages ne pourrait-on pas s'en promettre dans le cours de la pratique ! Parvenu à ce point on pourra s'accorder à reconnaître que les maladies épizootiques, que l'on considère comme différentes, offrent toutes des caractères essentiels toujours les mêmes, qui leur sont communs. En effet, quand on rapproche et quand on compare toutes les maladies épizootiques sur lesquelles on a écrit, l'on est très-porté à les regarder comme partout identiques. N'ont-elles pas toutes un *mauvais caractère analogue, le même désordre dans la marche et les symptômes, le même ordre de lésions organiques, le même danger pour les malades, la même tendance à la terminaison gangréneuse.*

Une question importante posée par la science médicale est celle-ci :

Doit-on permettre ou continuer de prohiber la vente ou la consommation des *chairs* et *du lait* des animaux affectés d'épizooties ?. Question extrêmement délicate d'hygiène publique, qui intéresse essentiellement la santé, la vie même des hommes et qui exige un examen d'autant plus sérieux et réfléchi, une solution d'autant plus réservée qu'elle ne peut être décidée par les faits, puisque ceux connus sont, en partage à peu près égal, en contradiction manifeste les uns avec les autres. L'opinion générale qui s'est formée et établie sur des faits contraires à l'innocuité des viandes des animaux malades, mérite sûrement une grande considération, et elle est si prononcée, qu'on n'a pas cru devoir rien changer à la prohibition de ces sortes d'aliments. Nous sommes persuadé que ce parti est le plus sage, et que, s'il y a quelques inconvénients pour l'intérêt particulier, il n'en offre aucun pour l'intérêt général, qui doit impérieusement diriger tous nos mouvements.

Aux termes : 1° des lois des 22 juillet et 6 octobre 1791 ;

2° De l'ordonnance du 27 janvier 1815 ;

3° Des Art. 459, 460 et 461 du code pénal,

Les animaux morts, affectés de ces maladies, doivent être enfouis, avec leurs peaux, et celles-ci doivent même être tailladées ;

L'objet de cette dernière disposition étant d'éloigner, de détruire jusqu'aux moindres causes qui peuvent concourir à propager la contagion, l'attention des hommes compétents s'est portée sur les moyens d'enlever aux peaux, de l'espèce dont il s'agit, leur propriété délétère. Ceux que présente la science pour cet effet sont conciliés avec la manière ordinaire de préparer les cuirs ; ils paraissent sûrs et d'une exécution facile. Nous allons indiquer le parti que l'on pourrait en tirer et que la science considère comme d'autant plus avantageux qu'il serait surtout hygiénique dans les circonstances malheureuses qui entraînent la perte d'un grand nombre d'animaux.

Les tanneurs emploient divers procédés pour la préparation des peaux des animaux ; les uns, pour obtenir des cuirs forts excluent ceux de *chevaux*, de *vaches* et de *veaux*, et ont recours à la putréfaction communicante, en se servant de grains dont ils excitent ou hâtent

la fermentation ; d'autres, comme les mégissiers, voulant des cuirs blancs, emploient *l'oxide de calcium*
(*chaux*), le *chlorure de sodium*, (*sel commun*) et le *sul-
fate d'aluminium* et de *potassium* (*alun*) ; un très-petit
nombre mettent en pratique le procédé d'accélération
inventé par *Seguin*, en se servant de l'acide sulfurique ;
mais la majeure partie emploient l'*oxide de calcium* et
ensuite le *tan*.

De ces différents procédés, c'est le dernier que la
science considère comme le plus complètement doué de
la faculté de *détruire*, de *dénaturer*, de *neutraliser* les
molécules contagieuses qui peuvent encore résider dans
les tissus cutanés à l'état de mort; les autres, ou sont
insuffisants, ou peuvent laisser exhaler, durant les pré-
parations, des miasmes de la nature de ceux qu'on
redoute. On doit s'arrêter d'autant plus volontiers à
celui de ces procédés le plus propre à atteindre le but
proposé, (le dernier), qu'il est le plus généralement en
usage.

D'ailleurs, les divers procédés employés pour la préparation des cuirs, prouvent de quelle manière *l'oxide
de Calcium* agit sur les substances animales, et confir-
ment l'opinion déjà émise par un observateur, *Vicq-
d'Azyr*, que les peaux des animaux morts de maladies
contagieuses perdent, en passant à la chaux, la propriété funeste de transmettre la contagion par leur contact
ou leurs émanations. En effet, dit encore la science,
cette transmission ne peut être attribuée qu'aux corpuscules légers qui, comme un levain pernicieux, portent le germe de la fermentation à la surface de la peau

et des membranes muqueuses avec lesquelles ils se trouvent en contact et qui les absorbent ; ces corpuscules n'existant plus, il ne peut plus y avoir de désordres commis par eux.

Ceci posé, il nous semble possible de tenter quelques dispositions légales et obligatoires en exécution desquelles on pourrait faire ressortir de grands avantages en conciliant plusieurs intérêts d'une grande importance.

Du traitement préservatif des Épizooties.

Les coups funestes portés à l'agriculture par les grandes épizooties, qui ont plusieurs fois donné l'horrible spectacle d'un massacre général des animaux domestiques et le besoin d'opposer des digues à ces torrents dévastateurs, qui portent la ruine et le désespoir dans des pays entiers, ont inspiré à la science plusieurs projets propres à prévenir les désastres dont il s'agit, en se tenant en garde contre les épizooties. Sans entrer dans les détails que comporte ce sujet, nous considérons néanmoins comme un devoir d'indiquer sommairement quelques considérations importantes sur les moyens de préservation.

Les moyens essentiels et principalement recommandés consistent :

1° Dans l'isolement le plus complet des animaux sains des animaux malades ;

2° Dans la séquestration des personnes chargées du

soin et de la garde de ceux-ci ;

3° Dans l'éloignement des animaux d'espèces différentes ;

4° Dans l'intervention de l'autorité pour suspendre
la circulation et le commerce des bestiaux ;

5° A entourer les pays infectés d'un cordon sanitaire ;

6° *Et par dessus tout*, dans la construction et l'assainissement des écuries, appliqués aux bâtiments destinés à
loger les animaux domestiques en général. (Voir *Construction*, *Assainissement* et *Désinfection* des Ecuries.)
C'est la plus importante mesure préservative que nous
puissions indiquer.

Renseignements physiologiques.

Des expériences extrêmement curieuses et qui intéressent les cultivateurs ont été faites par des hommes
compétents, afin de déterminer certains cas auxquels
peuvent être exposés des chevaux renfermés, soit dans
une place assiégée, soit dans toute autre position, et
manquant plus ou moins de vivres. Voici les principaux
résultats obtenus à ce sujet :

1° Un cheval peut vivre *vingt-cinq* jours en ne bu-
vant que de l'eau ;

2° Il peut vivre *dix* jours sans boire ni manger ;

3° Il ne peut vivre que *cinq* jours quand il ne con-
somme que des aliments solides sans rien boire ;

4° Après *dix* jours de crise, d'aliments solides, mais
avec boissons insuffisantes, l'estomac est usé.

On voit le rôle que joue l'eau dans l'alimentation du cheval et le grand besoin qu'il en a. On en jugera mieux encore par le fait qui suit :

5° Après trois jours de jeûne, un cheval a bu 52 kilog. d'eau, en trois minutes.

Voici, maintenant, des expériences faites dans un autre ordre d'idées :

1° Quand, après un repas, un cheval va pendant trois heures à l'école d'escadron, sa digestion est presque complète ;

2° Si, pendant le même temps, il ne va qu'à l'école des conscrits, sa digestion n'est faite qu'aux deux tiers;

3° Enfin, après trois heures de repos à l'écurie, il n'y a presque pas de digestion.

Tout en regardant comme très-importantes les expériences qui précèdent, nous les considérons néanmoins comme incomplètes ou mal rapportées, pour les raisons qui suivent :

1° Dans les cinq premières épreuves on ne dit pas dans quelles conditions se trouvaient les chevaux, et comme tout porte à croire qu'ils n'ont pas été choisis dans des conditions physiques parfaites pour être ainsi sacrifiés, il est difficile de prendre pour base certaine les expériences acquises dans des circonstances où l'organisation physique joue un si grand rôle ;

2° Quant aux épreuves faites dans les fonctions de nutrition à l'égard de chevaux de troupe, que nous devons considérer comme dans un état physique favorable, nous devons encore les considérer comme du domaine d'une appréciation *générale*, pour les raisons qui suivent :

Les chevaux de troupe, surtout lorsqu'ils mangent par trois, sont souvent exposés à faire de très-mauvais repas; l'un des trois est souvent réduit à se tenir à l'écart, pendant que les deux autres mangent la botte ou l'avoine, et certes le travail de la digestion est bien différent entre ceux qui ont tout mangé et celui qui a dîné par contumace.

Si au contraire, les repas ont été réglés, surveillés et pris par des animaux à-peu-près dans les mêmes conditions d'*âge*, de *santé* et de *repos*, il fallait encore l'expliquer, car lorsqu'il s'agit de principes à suivre, comme enseignement, la moindre lacune peut d'autant plus en détruire le mérite, que peu d'éleveurs seront tentés de faire les expériences susmentionnées dans leurs propres écuries.

Notions Législatives

Indispensables aux Cultivateurs.

ET

UTILES A TOUS.

§ 1er du Bail à Cheptel.

Dispositions Générales. — Cheptel simple. — Cheptel à moitié. — Cheptel au fermier. — Du Cheptel au colon partiaire. — Mauvais traitements envers les animaux. (Loi du 2 Juillet 1850.)

Le Cheptel, encore en usage dans plusieurs contrées de la France, étant souvent l'objet de contestations de nature à embarrasser les agriculteurs, éleveurs, fermiers ou métayers, nous avons cru devoir consigner, ici, quelques notions susceptibles de les diriger dans les formalités exigées par la loi.

Dispositions générales

Réglées par l'article 1800, du Code Napoléon Expliqué

Le bail à Cheptel est un contrat par lequel l'une

des parties donne à l'autre un fonds de bétail, pour le garder, le nourrir et le soigner, dans les conditions convenues entre elles.

Il y a plusieurs sortes de Cheptels :

1° Le Cheptel simple ou ordinaire ;

2° Le Cheptel à moitié ;

3° Le Cheptel donné au fermier ou colon partiaire.

Il y a encore une quatrième espèce de contrat improprement appelé Cheptel.

On peut donner à Cheptel toute espèce d'animaux susceptibles de croît ou de profit pour l'agriculture ou le commerce.

A défaut de conventions particulières, ces contrats se règlent par les principes suivants :

Cheptel simple.

(Art. 1804 à 1817 du même code).

Le *Bail à Cheptel simple* est un contrat par lequel on donne à un autre des bestiaux à garder, nourrir et soigner, à condition que le preneur profitera de la moitié du croît et qu'il supportera aussi la moitié de la perte.

L'estimation donnée au Cheptel dans le bail, n'en transporte pas la propriété au preneur; elle n'a d'autre objet que de fixer la perte ou le profit qui pourra se trouver à la fin du bail.

Le preneur doit les soins d'un bon père de famille à la conservation du Cheptel.

Il n'est tenu du cas fortuit que lorsqu'il a été précédé de quelque faute de sa part, sans laquelle la perte ne serait pas arrivée.

En cas de contestation, le preneur est tenu de prouver le cas fortuit et le bailleur est tenu de prouver la faute qu'il impute au preneur.

Le preneur qui est déchargé par le cas fortuit, est toujours tenu de rendre compte des peaux des bêtes.

Si le Cheptel périt en entier sans la faute du premier, la perte en est pour le Bailleur.

S'il n'en périt qu'une partie, la perte est supportée en commun; le prix d'estimation originaire est celui de l'estimation à l'expiration du Cheptel.

On ne peut stipuler :

1° Que le preneur supportera la perte totale du Cheptel, quoique arrivée par cas fortuit et sans sa faute ;

2° Qu'il supportera dans la perte, une part plus grande que dans le profit ;

3° Que le Bailleur prélèvera, à la fin du bail, quelque chose de plus que le Cheptel qu'il a fourni.

Toute convention semblable serait nulle.

Le preneur profite, seul, des laitages, du fumier et du travail des animaux donnés à Cheptel.

La laine et le croît se partagent.

Le preneur ne peut disposer d'aucune bête du troupeau, soit du fonds, soit du croît, sans le consentement du Bailleur, qui ne peut, lui-même, en disposer sans le consentement du preneur.

Lorsque le Cheptel est donné au fermier d'autrui, il doit être notifié au propriétaire de qui ce fermier lient ; sans quoi il faut le saisir et le faire vendre pour ce que son fermier lui doit.

Le preneur ne pourra tondre, sans en prévenir le Bailleur.

S'il n'y a pas de temps fixé par la convention pour la durée du Cheptel, il est sensé fait pour trois ans.

Le bailleur peut en demander plutôt la résolution, si le preneur ne remplit pas ses obligations.

A la fin du bail, ou lors de sa résolution, il se fait une nouvelle estimation du Cheptel.

Le bailleur peut prélever des bêtes de chaque espèce, jusqu'à concurrence de la première estimation : l'excédant se partage.

S'il n'existe pas assez de bêtes pour remplir la première estimation, le bailleur prend ce qui reste, et les parts se font en raison de la perte.

Du Cheptel à moitié.

(Art. 1818 à 1820, même Code.)

Le Cheptel à moitié, est une société dans laquelle chacun des contractants fournit la moitié des bestiaux qui demeurent communs pour le profit ou la perte.

Le preneur profite seul, comme dans le Cheptel simple, des laitages, du fumier et des travaux des animaux.

Le bailleur n'a droit qu'à la moitié des laines et du croît ; toute convention contraire est nulle, à moins que le bailleur ne soit propriétaire de la métairie dont le premier est fermier ou colon partiaire.

Toutes les autres règles du Cheptel simple s'appliquent au Cheptel à moitié ;

Du Cheptel donné au fermier.

(Art. 1821 à 1826, même Code.

Ce Cheptel est celui par lequel le propriétaire d'une métairie la donne à ferme, à la charge qu'à l'expiration du bail, le fermier laissera des bestiaux d'une valeur égale au prix de l'estimation de ceux qu'il aura reçus.

L'estimation du Cheptel donné au fermier ne lui en transfère pas la propriété, mais néanmoins, la met à ses risques.

Tous les profits appartiennent au fermier pendant la durée de son bail, s'il n'y a convention contraire.

Dans les Cheptels donnés au fermier, le fumier n'est point dans les profits personnels du preneur, mais appartient à la métairie, à l'exploitation de laquelle il doit être uniquement employé.

La perte même totale, et par cas fortuit, est en entier pour le fermier, s'il n'y a convention contraire.

A la fin du bail, le fermier ne peut retirer le Cheptel, en payant l'estimation originaire ; il doit en laisser un de valeur pareille à celui qu'il a reçu.

S'il y a déficit, il doit le payer ; et c'est seulement l'excédant qui lui appartient.

Du Cheptel donné à moitié.

(Art. 1827 à 1830 même Code).

Si le Cheptel périt en entier, sans la faute du colon,

la perte est pour le bailleur.

On peut stipuler :

1° Que le colon délaissera au bailleur sa part de la toison à un prix inférieur à la valeur ordinaire;

2° Que le Bailleur aura une plus grande part du profit;

3° Qu'il aura la moitié des laitages; mais on ne peut stipuler que le colon sera tenu de toute la perte.

Ce Cheptel finit avec le bail à métairie.

Il est, d'ailleurs, soumis à toutes les règles du Cheptel simple.

Du Contrat improprement appelé Cheptel.

(Art. 1831, même Code).)

Lorsqu'une ou plusieurs vaches sont données pour les loger et les nourrir, le bailleur en conserve la propriété ; il a seulement le profit des veaux qui en naissent.

Loi du 2 juillet 1850 que nous recommandons aux intéressés.

Article Unique. Seront punis d'une amende de cinq à 15 francs, et pourront l'être d'un à cinq jours de prison, ceux qui auront exercé publiquement et abusivement de mauvais traitements envers les animaux domestiques. La peine de la prison sera toujours appliquée en cas de récidive. L'article 483. du code pénal, sera toujours applicable.

§ 2. Police du Roulage.

<hr>

Loi du 30 Mai 1851. — Règlement d'Administration publique du 10 Août 1852.

Loi du 30 Mai 1851.

Sont affranchies de toute réglementation de largeur de chargement, les voitures de l'agriculture servant au transport des récoltes de la ferme aux champs et des champs à la ferme ou au marché.

Toute voiture circulant sur les routes *impériales, départementales* et *chemins vicinaux* de Grande Communication, doit être munie d'une plaque conforme au modèle prescrit par le Règlement d'administration publique, rendu en vertu du N° 4 du premier paragraphe de l'article 2 de la présente loi.

Sont exemptées de cette mesure :

1° Les voitures particulières destinées au transport des personnes, mais étrangères à un service public de messageries ;

2° Les malles-postes et autres voitures appartenant à l'administration des postes ;

3° Les voitures d'artillerie, les fourgons de la guerre et de la marine ;

4° Les voitures employées à la culture des terres, au transport des récoltes, à l'exploitation des fermes ou métairies, qui se rendent de la ferme ou métairie aux champs ou des champs à la ferme ou métairie, ou qui servent au transport des objets récoltés du lieu où ils ont été recueillis jusqu'à celui où, pour les conserver ou les manipuler, le cultivateur les dépose ou les rassemble.

Tout propriétaire ou conducteur d'une voiture qui aura fait usage d'une plaque portant un nom ou domicile faux ou supposé, sera puni d'une amende de 50 à 200 francs et d'un emprisonnement de 6 jours à 6 mois.

La même peine est applicable à celui qui, conduisant une voiture dépourvue de plaque, aura déclaré un nom ou domicile autre que le sien, ou que celui du propriétaire pour le compte duquel la voiture est conduite.

Lorsque, par la faute, la négligence ou l'imprudence d'un conducteur, une voiture aura causé un dommage quelconque à une route ou à ses dépendances, le conducteur sera condamné à une amende de 3 à 50 francs et aux frais de la réparation.

Sera puni d'une amende de 16 à 100 francs, indépendamment de celle qu'il pourrait avoir encourue pour toute autre cause, tout voiturier ou conducteur qui, sommé de s'arrêter par l'un des fonctionnaires ou agents chargés de constater les contraventions, refuserait d'obtempérer à cette sommation et de se soumettre aux vérifications prescrites (art. 222 et 223.)

Sont applicables les dispositions du Code Pénal en cas d'outrages ou de violences envers les fonctionnaires ou agents chargés de constater les délits et contraventions prévus par la présente loi.

Tout propriétaire de voiture est responsable des amendes, des dommages-intérêts et des frais de réparation prononcés, en vertu des articles qui précèdent, contre toute personne préposée par lui à la conduite de sa voiture.

Si la voiture n'a pas été conduite par ordre et pour le compte du propriétaire, la responsabilité est encourue par celui qui a préposé le conducteur.

Les fonctionnaires spécialement chargés de constater les contraventions et délits prévus par la présente loi, sont :

1° Les conducteurs ;

2° Les agents-voyers ;

3° Les cantonniers ;

4° Chefs et autres employés de l'administration des Ponts-et-Chaussées ou des chemins vicinaux de Grande Communication, commissionnés à cet effet ;

5° La gendarmerie ;

6° Les gardes-champêtres ;

7° Les employés des contributions indirectes ;

8° Les agents forestiers, douaniers et employés des poids-et-mesures et des octrois, ayant le droit de verbaliser ;

9° Les maires et adjoints ;

10° Les ingénieurs des Ponts-et-Chaussées, les commissaires de police et toute personne commissionnée par l'autorité départementale pour la surveillance de l'entretien des voies de communication.

Les amendes prononcées se prescrivent par une année, à compter de la date de l'arrêté du Conseil de préfecture ou de la décision du Conseil d'État, si le pourvoi a eu lieu, mais en cas de fausse indication sur la plaque ou de fausse déclaration de nom ou de domicile, la prescription n'est acquise qu'après cinq ans.

RÈGLEMENT

d'Administration publique

du 10 Août 1852

POUR L'EXÉCUTION DE LA LOI DU 30 MAI 1851.

(Police du Roulage.)

Dispositions applicables à toutes les voitures.

Art. 1er. Les essieux des voitures ne pourront avoir plus de 2 mètres 50 centimètres de longueur, ni dépasser, à leurs extrémités, le moyeu, de plus de 6 centimètres.

La saillie du moyeu, y compris celle des essieux, n'excèdera pas de plus de 12 centimètres le plan passant par le bord extérieur des bandes ; il est accordé une tolérance de 2 centimètres sur cette saillie pour les roues qui ont déjà fait un certain service.

Art. 2. Il est expressément défendu d'employer des clous à tête de diamant; tout clou de bande sera rivé à plat et ne pourra, lorsqu'il sera posé à neuf, former une saillie de plus de 5 millimètres.

Art. 3. Il ne peut être attelé :

1° Aux voitures servant au transport des marchandises, plus de *cinq* chevaux, si elles sont à deux roues ; plus de *huit* si elles sont à quatre roues, sans qu'il puisse y avoir plus de cinq chevaux de file ;

2° Aux voitures servant au transport des personnes. plus de *trois* chevaux, si elles sont à deux roues ; plus de *six* si elles sont à quatres roues.

Art. 4. Lorsqu'il y aura lieu de transporter des blocs de pierre, des locomotives ou d'autres objets d'un poids considérable, l'emploi d'un attelage exceptionnel pourra être autorisé sur l'avis des ingénieurs ou des agents-voyers, par les Préfets des départements traversés.

Art. 5. Les prescriptions de l'article 3 ne sont pas applicables sur les parties de routes ou de chemins vicinaux de grande communication, affectés de rampes d'une déclivité ou d'une longueur exceptionnelle, qui seront indiquées par des poteaux portant cette inscription : *Chevaux de renfort*.

Art. 6. En temps de neige ou de verglas, les prescriptions relatives à la limitation du nombre des chevaux sont suspendues.

Art. 7. Des mesures spéciales détermineront les départements dans lesquels seront établies des barrières de dégel.

Art. 8. En traversant les ponts suspendus, les chevaux doivent être mis au pas, les conducteurs sur leur siège et les chevaux ne peuvent être dételés pour le passage du pont.

Toute voiture attelée de plus de 5 chevaux ne doit pas s'engager sur le tablier d'une travée, quand il y a déjà sur cette travée une voiture d'un attelage supérieur à ce nombre de chevaux.

Art. 9. Tout conducteur de voiture doit se ranger à sa droite à l'approche de toute autre voiture, de manière à lui laisser libre, au moins, la moitié de la chaussée.

Art. 10. Il est interdit de laisser stationner sans nécessité, sur la voie publique, aucune voiture attelée ou non attelée.

Art. 11. La largeur du chargement des voitures qui ne servent pas au transport des personnes ne peut excéder 2 mètres 50 centimètres. Toutefois, les Préfets des départements traversés peuvent délivrer des permis de circulation pour les objets d'un grand volume, qui ne pourraient être chargés dans ces conditions.

Sont affranchies, conformément à la loi du 30 mai 1851, de toute règlementation de largeur de chargement, les voitures d'agriculture, lorsqu'elles sont employées au transport des récoltes de la ferme aux champs ou des champs à la ferme ou au marché.

Art. 12. La largeur des colliers des chevaux ou autres bêtes de trait, ne peut dépasser 90 centimètres, mesurés entre les points les plus saillants des attelles.

Les conducteurs ou cochers doivent être âgés de 16 ans accomplis.

§ 3. Police de la Chasse.

Loi du 3 mai 1844. — Réflexions sur cette loi. — Conclusions.

Loi du 3 mai 1844.

Art. 1er. Nul ne pourra chasser, sauf les exceptions ci-après, si la chasse n'est pas ouverte, et s'il ne lui a pas été délivré un permis de chasse, par l'autorité compétente. Nul n'aura la faculté de chasser sur la propriété d'autrui, sans le consentement du propriétaire ou de ses ayant-droit.

Art. 2. Le propriétaire ou possesseur peut chasser ou faire chasser en tout temps, sans permis de chasse, dans les possessions attenant à une habitation et entourée d'une clôture continue, faisant obstacle à toute communication des héritages voisins.

Art. 3. Les préfets détermineront, par des arrêtés publics, au moins dix jours à l'avance, l'ouverture et la fermeture de la chasse, dans chaque département.

Art. 4. Dans chaque département, il est interdit de mettre en vente, de vendre, d'acheter, de transporter et de colporter le gibier pendant le temps où la chasse n'y est pas permise.

En cas d'infraction à cette disposition, le gibier sera saisi et immédiatement livré à l'établissement de bienfaisance le plus voisin, sur l'autorisation de l'autorité locale.

Il est interdit de prendre ou détruire sur le terrain d'autrui, des œufs et des couvées de faisans, de perdrix et de cailles.

Art. 7. Le permis de chasse ne sera pas délivré :

1° Aux mineurs qui n'auront pas 16 ans accomplis ;

2° Aux mineurs de 16 à 21 ans, à moins que le permis ne soit demandé pour eux par leur père, tuteur ou curateur, porté au rôle des contributions;

3° Aux interdits ;

4° Aux gardes-champêtres ou forestiers des communes et établissements publics , ainsi qu'aux gardes-forestiers de l'État et garde-pêches.

Art. 8. Le permis de chasse ne sera pas accordé :

1° A ceux qui, par suite de condamnations, sont privés du droit de port d'armes ;

2° A ceux qui n'auront pas exécuté les condamnations prononcées contre eux, pour l'un des délits prévus par la présente loi.

3° A tout condamné sous la surveillance de la haute police.

Art. 9. Dans le temps où la chasse est ouverte, le permis donne à celui qui l'a obtenu, le droit de chasser de jour, à tir et à courre, sur ses propres terres et sur les terres d'autrui, avec le consentement de celui à qui le droit de chasse appartient.

Tous autres moyens de chasse, à l'exception des furets et des bourses destinées à prendre le lapin, sont formellement prohibées.

Néanmoins, les Préfets des départements, sur l'avis des Conseils généraux, prendront des arrêtés pour déterminer :

1° L'époque de la chasse des oiseaux de passage, autres que la caille, et les modes et procédés de cette chasse ;

2° Le temps pendant lequel il sera permis de chasser le gibier d'eau dans les marais, sur les étangs, fleuves et rivières ;

3° Les espèces d'animaux malfaisants ou nuisibles que le propriétaire, possesseur ou fermier, pourra, en tout temps, détruire sur ses terres et les conditions de l'exercice de ce droit, sans préjudice du droit appartenant au propriétaire ou au fermier de repousser ou de détruire, même avec des armes à feu, les bêtes fauves qui porteraient dommage à ses propriétés.

Ils pourront également prendre des arrêtés :

1° Pour prévenir la destruction des oiseaux ;

2° Pour autoriser l'emploi des chiens levriers pour la destruction des animaux malfaisants ou nuisibles ;

3° Pour interdire la chasse en temps de neige.

Section II. — Des Peines.

Art. 11. Seront punis d'une amende de 16 à 100 francs :

1° Ceux qui auront chassé sans permis de chasse ;

2° Ceux qui auront chassé sur le terrain d'autrui sans le consentement du propriétaire.

L'amende pourra être portée au double, si le délit a été commis sur des terres non dépouillées de leurs fruits, ou s'il a été commis sur un terrain entouré d'une clôture continue, faisant obstacle à toute communication avec les héritages voisins, mais non attenant à une habitation.

Pourra n'être pas considéré comme délit de chasse, le fait du passage des chiens courants sur l'héritage d'autrui, lorsque ces chiens seront à la poursuite d'un gibier lancé sur la propriété de leurs maîtres, sauf l'action civile, s'il y a lieu, en cas de dommages.

3° Ceux qui auront contrevenu aux arrêtés des Préfets, concernant les oiseaux de passage, le gibier d'eau, la chasse en temps de neige, l'emploi des chiens lévriers, ou autres arrêtés concernant la destruction des oiseaux et celle des animaux malfaisants ou nuisibles ;

4° Ceux qui auront pris ou détruit, sur le terrain d'autrui, des œufs ou couvées de faisans, de perdrix ou de caille ;

5° Les fermiers de la chasse, soit dans les bois soumis au régime forestier, soit sur les propriétés dont la chasse est louée au profit des communes ou établissements publics, qui auront contrevenu aux clauses et conditions de leurs cahiers des charges relativement à la chasse.

Art. 12. Seront punis d'une amende de 50 à 200 fr. et pourront, en outre, l'être d'un emprisonnement de six jours à deux mois :

1° Ceux qui auront chassé en temps prohibé ;

2° Ceux qui auront chassé pendant la nuit ou à l'aide d'engins et instruments prohibés ou par d'autres moyens que ceux qui sont autorisés par l'article 9 ;

3° Ceux qui seront détenteurs ou ceux qui seront trouvés munis ou porteurs, hors de leur domicile, de filets, engins ou autres instruments de chasse prohibés ;

4° Ceux qui, en temps où la chasse est prohibée, auront mis en vente, vendu, acheté, transporté ou colporté du gibier ;

5° Ceux qui auront employé des drogues qui sont de nature à énivrer le gibier ou à le détruire ;

6° Ceux qui auront chassé avec appeaux appelants ou chanterelles.

Les peines déterminées par le présent article pourront être portées au double contre ceux qui auront chassé pendant la nuit sur le terrain d'autrui et par l'un des moyens spécifiés au paragraphe 2, si les chasseurs étaient munis d'une arme apparente ou cachée.

Les peines déterminées par l'article 11 et par le présent article seront toujours portées au maximum, lorsque les délits auront été commis par les gardes-champêtres ou forestiers de l'Etat et des établissements publics.

Art. 13. Celui qui aura chassé sur le territoire d'autrui sans son consentement, si ce terrain est attenant à une maison habitée ou servant d'habitation, et s'il est entouré d'une clôture continue faisant obstacle à toute communication avec les héritages voisins, sera puni d'une amende de 50 à 300 francs et pourra l'être d'un emprisonnement de six jours à trois mois.

Si le délit a été commis pendant la nuit, le délinquant sera puni d'une amende de 100 à 1000 francs, et pourra l'être d'un emprisonnement de trois mois à deux ans, sans préjudice, dans l'un et l'autre cas, s'il y a lieu, de plus fortes peines prononcées par le Code pénal.

Art. 14. Les peines déterminées par les trois articles qui précèdent, pourront être portées au double, si le délinquant était en état de récidive, et s'il était déguisé ou masqué; s'il a pris un faux nom, s'il a usé de violence envers les personnes ou s'il a fait des menaces, sans préjudice, s'il y a lieu, de plus fortes peines prononcées par la loi.

Lorsqu'il y aura récidive, dans les cas prévus par l'article 11, la peine de l'emprisonnement de six jours à trois mois, pourra être appliquée, si le délinquant n'a pas satisfait aux condamnations précédentes.

Art. 15. Il y a récidive lorsque, dans les douze mois qui ont précédé l'infraction, le délinquant a été condamné en vertu de la présente loi.

Art. 16. Tout jugement de condamnation prononcera la confiscation des filets, engins et autres istruments de chasse; il ordonnera en outre, la destruction des instruments de chasse prohibés.

Il prononcera; également la confiscation des armes, excepté dans le cas où le délit aura été commis par un individu muni d'un permis de chasse, dans le temps où la chasse est autorisée.

Si les armes, filets, engins ou autres instruments de chasse n'ont pas été saisis, le déliquant sera condamné à les représenter ou à en payer la valeur, suivant la fixation qui en sera faite par le jugement, sans qu'elle puisse être au dessous de cinquante francs.

Les armes, engins ou autres instruments de chasse abandonnés par les délinquants restés inconnus, seront saisis et déposés au greffe du tribunal compétent ; la confiscation, et s'il y a lieu, la destruction en seront ordonnées sur le vu du procès-verbal.

Dans tous les cas, la quotité des dommages-intérêts est laissée à l'appréciation des tribunaux.

L'article 460 du code pénal n'est pas applicable aux délits prévus par la présente loi.

Section III. — De la poursuite et du jugement.

Les délits prévus par la présente loi seront prouvés :

1° Par des des procès-verbaux ou rapports.

2° Par des témoins, à défaut de procès-verbaux ou rapports.

Les procès-verbaux ou rapports des fonctionnaires ou agents qui font foi jusqu'à preuve contraire, sont ceux :

1° Des maires et adjoints.

2° Des commissaires de police.

3° De la gendarmerie.

4° Des gardes-forestiers.

5° Des garde-pêche.

6° Des gardes-champêtres.

7° Des gardes particuliers assermentés.

Quant aux délits commis dans les propriétés du domaine de la couronne ils sont poursuivis conformément aux sections 2 et 3.

Pour chasser dans les forêts domaniales, il faut une autorisation spéciale. (Voir à cet égard, les ordonnances du 14 septembre 1830 et du 20 juin 1845.)

Réflexions sur la loi du 3 mai 1844.

L'administration supérieure s'est souvent émue des plaintes assez nombreuses qui s'élevaient au sujet de la loi du 3 mai 1844, sur la police de la chasse.

Elle a même cru devoir, dans un but de bienveillante sollicitude, s'enquérir auprès des maires et divers chefs de service, à l'effet de savoir ce que ces plaintes pouvaient avoir de fondé.

Nous n'avons pas à nous occuper des réponses, mais voici notre avis:

Ces plaintes et récriminations ne prouvent pas que la loi soit mauvaise ; elles établiraient plutôt qu'elle est bonne et qu'elle a frappé juste.

En effet, cette loi avait à réprimer les nombreux et intolérables abus du passé, qui avaient dégénéré en habitudes. On devait donc s'attendre que leur répression soulèverait d'abord de nombreux et vifs mécontentements.

Mais, malgré ces plaintes qui semblent encore se reproduire sur plusieurs points, la loi n'en reste pas moins :

1° Protectrice de la propriété.

2° Auxiliaire de la morale publique.

3° Conservatrice au point de vue de l'économie générale.

4° Et par dessus tout, une loi d'égalité entre tous.

Dailleurs, personne n'a oublié, et les cultivateurs moins que les autres, les violations continuelles qu'éprouvait la propriété avant la promulgation de la loi :

1° Les récoltes foulées aux pieds ;

2° Le possesseur du champ insulté, menacé et même frappé ;

3° A défaut de Gibier, les volailles en tenant lieu.

L'opinion publique dut se prononcer de plus en plus contre un pareil état de choses. Les conseils généraux formulèrent des vœux presque unanimes qui eurent pour résultat la présentation de la loi, qui fut votée après une discussion longue et applaudie.

On ne devait pas toutefois espérer un remède immédiat au mal invétéré, mais il perdit, du moins, son caractère primitif.

Exécutée avec fermeté la loi rend les délits moins fréquents. Les violations de la propriété ont bien continué, mais d'agressives et menaçantes, elles deviennent de jour en jour plus humbles et plus furtives. Le propriétaire pouvant, désormais, en appeler au témoignage ordinaire, pour sa défense, devant les tribunaux, cette faculté dont il n'a point abusé et dont il a même rarement usé jusqu'à présent, suffit à elle seule pour améliorer sa situation, et constitue l'un des bons effet de la loi .

Cette loi en protégeant la propriété est devenue en même temps l'auxiliaire de la morale publique, en ce sens que, soit par la pénalité qu'elle édicte, soit par le versement préalable du prix du permis qu'elle exige, elle retient et ramène l'homme de labeur vers un travail sérieux, indispensable dans son intérieur, au lieu de le laisser se livrer sans frein à un exercice qui, sous pré-texte de délassement momentané, dégénérerait trop sou-vent en habitudes de paresse et de débauche onéreuse.

Au point de vue de l'économie générale, les faits parlent d'eux-mêmes, car, le gibier, qui constitue une des richesses naturelles du sol, tendait de jour en jour à disparaître, et à peine la loi avait-elle deux années de date, que le repeuplement était déjà constaté. Cet autre bienfait ne peut lui être contesté.

D'après ces résultats incontestables, pourquoi écoute-rait-on encore ces plaintes ? Pourquoi surtout, cette timidité à défendre la loi ? Cette hésitation aurait, tout au plus trouvé son excuse dans ces derniers temps de *liberté illimitée*, où chacun pouvait craindre d'être accusé de féodalité en se montrant son partisan, mais, aujourd'hui, pourquoi ne pas la défendre au nom de l'égalité qu'elle proclame incontestablement entre tous ?.

En effet, elle enlève au propriétaire du sol même, la faculté de chasser chez lui sans permis de chasse, et en cela la loi est juste, car, le gibier non clos n'est pas la propriété du sol, il n'est point incorporé au fond rural, il ne fait point partie du revenu imposable, le plus ou moins d'étendue d'une propriété ne modifie en rien ces trois faits, et ne constitue en réalité aucun privilège. Le gibier, par sa seule condition d'être, devient la propriété de tous, qu'une règle également commune à tous, fait la chose du premier occupant. Il y a donc égalité devant la loi entre la grande et la petite propriété.

Mais, cependant, disent encore quelques mécontents, et probablement *de ces victimes*, cette loi conçue dans un but de conservation et de protection pour la propriété agricole, n'a pas rallié à elle la masse des petits cultivateurs; ils lui sont restés généralement hostiles.

Mais la raison en est bien simple : cette classe, honorable d'ailleurs, touche encore de trop près au prolétariat, pour qu'il n'en soit pas ainsi. Ces hommes, en dehors de la considération de leurs propres droits, tiennent en général peu de compte de ceux du grand propriétaire, et encore moins de ceux de l'Etat, qu'ils considèrent comme une proie légitime, et pour preuve, vous n'avez qu'à les interroger sur la valeur de la loi : ils vous répondront qu'elle a été faite en faveur des riches, que le *permis de chasse n'est accessible qu'au riche et non au pauvre*;

Qu'avec un permis, le riche peut chasser sans sortir de chez lui, tandis que le petit cultivateur ne peut chasser sur son hectare divisé en plusieurs fractions.

Si vous parlez d'économie générale, de but moral, enfin d'égalité devant la loi, assurément, et sans mauvaises intentions, ce n'est pas ainsi qu'ils l'interprêtent ; nous disons plus, nous en avons vu (beaucoup trop, malheureusement) qui dans un temps, encore peu éloigné, la considérer comme une fiction, tant qu'il n'y aura pas égalité de fortune.

Retranchez de la loi son article 13, qui défend de chasser chez autrui, sans son consentement, peut-être ferez-vous accepter les autres dispositions.

Ces arguments ont néanmoins trouvé des avocats: cela devait être : ils frappent le principe de la propriété. Admettez-en la valeur, en ce qui concerne la chasse, qui n'est qu'une chose futile, vous seriez conduit à bien plus forte raison, à l'admettre pour les besoins essentiels de la vie et bien autrement différenciés par l'inégalité des conditions, et cette concession qui semble cependant avoir l'approbation de quelques notabilités bien intentionnées, sans doute, n'est autre chose que la route directe du communisme.

Au surplus, la chasse n'est point un besoin, mais bien un plaisir entouré d'abus possibles. Or, son côté fiscal est d'autant plus juste et d'autant plus moral, qu'il a pour but essentiel de les prévenir.

D'ailleurs, les ennemis de cette loi seront forcés d'admettre l'argument que voici et qui est sans réponse :

Lorsqu'il suffit de placer le faible impôt exigible dont il est question dans un des côtés de la balance, pour mettre de niveau l'homme qui possède *cent francs* avec celui qui possède *cent mille francs*, il n'y a pas de poids égalitaire qui puisse mieux en équilibrer les plateaux.

Quelle valeur peuvent donc avoir quelques clameurs plus ou moins intéressées qui s'élèvent contre une loi sollicitée par presque tous les conseils généraux, discutée et librement votée par les deux chambres ? Aucune ....

Viendra-t-on dire que ces mêmes conseils généraux ont demandé depuis sa promulgation, qu'il fut apporté des modifications à cette loi ?

Il serait facile d'indiquer dans quelles circonstances et surtout sous quelle influence de semblables demandes se sont produites et, cependant, aucun n'a osé demander son abrogation. Tout s'est borné à demander la diminution du chiffre de l'impôt, parceque disait-on, cela rapporterait plus au Trésor public, et aux communes.

Tout en respectant le zèle et sans même suspecter la sincérité des hommes qui ont tenu ce langage, nous ne pouvons, néanmoins, nous empêcher de leur faire observer :

1° Que la loi dont il s'agit est plutôt une loi de restriction qu'une loi d'extension et qu'elle a été instituée dans un tout autre but que celui de la taxe des lettres;

2° Qu'en abaissant le taux des permis, vous ramenez tous les inconvénients du braconnage, qui ont précisément inspiré aux législateurs l'idée d'une répression devenue indispensable, sous peine de ne plus pouvoir rejoindre *votre tailleur, votre cordonnier, votre perruquier* qu'en pleine chasse, au lieu de les trouver à leurs travaux, auxquels des besoins de famille donnaient une tout autre importance, au point de vue moral et pécuniaire.

En résumé, la loi est debout depuis 16 ans; l'expérience a consacré ses bons effets; on ne saurait trop désirer qu'elle continue à être exécutée ponctuellement, car elle touche par plusieurs points importants aux bases de la société.

Ne donnons pas à de vaines clameurs raison contre cette loi, et espérons que c'est de l'inflexibilité de ceux qui sont chargés de son exécution que sortira une nouvelle expérience qui forcera à son obéissance.

La seule modification qui puisse être apportée à la loi sur la Police de la Chasse, c'est d'en régler l'ouverture par zônes, suivant les contrées, afin de faire disparaître, dans la limite du possible, la prohibition du transport de gibier dans des départements limitrophes.

A notre avis, elle est bonne sur tous les autres points ; car c'est à son efficacité qu'elle doit ses ennemis et les récriminations de ces derniers constituent le plus bel éloge qu'on en puisse faire.

§ 4. De la pêche fluviale.

Loi du 15 avril 1829, et ordonnance du 10 juillet 1835.

La loi ne crée ni n'attribue le droit de pêche ; elle en a seulement déterminé et réglé l'exercice.

Le droit de pêche est exercé au profit de l'Etat:

1° Dans tous les *fleuves, rivières, canaux et contre-*

fossés, navigables ou flottables avec bateaux, trains ou radeaux et dont l'entretien est à la charge de l'Etat ou de ses ayant-cause.

2° Dans les *bras, noues, boires,* et *fossés* qui tirent leurs eaux des fleuves et rivières navigables ou flottables dans lesquels on peut, en tout temps, passer ou pénétrer librement en bateau de pêcheur et dont l'entretien est également à la charge de l'Etat.

Sont toutefois exceptés : les canaux ou fossés existants, ou qui seraient creusés dans les propriétés particulières et entretenus aux frais des propriétaires.

Dans toutes les autres *rivières* ou *canaux,* les propriétaires riverains ont, chacun de leur côté, le droit de pêche jusqu'au milieu du cours d'eau, sans préjudice des droits contraires établis pas possession ou par titres.

Tout individu qui se livre à la pêche sur les fleuves et rivières navigables ou flottables, *canaux, ruisseaux* ou *cours d'eau* quelconques, sans la permission de celui à qui le droit de pêche appartient, est passible d'une amende de 20 fr. au moins et de 100 fr. au plus, indépendamment des dommages-intérêts ; la confiscation des filets et engins peut aussi être prononcée. Néanmoins, il est permis à tout individu de pêcher à la ligne flottante tenue à la main, le temps de frai excepté, dans les fleuves, rivières ou canaux où l'Etat exerce exclusivement le droit de pêche.

La pêche au profit de l'Etat est exploitée, soit par voie d'adjudication publique, soit par concession de licence à prix d'argent. Toute location faite autrement que par adjudication est considérée comme clandestine et déclarée nulle.

Il est interdit de placer dans les rivières navigables ou flottables, les canaux ou ruisseaux, aucun barrage, appareil ou établissement quelconque de pêcherie, ayant pour objet d'empêcher entièrement le passage du poisson, sous peine de dommages-intérêts, d'une amende de 50 fr. à 500 fr, et de la saisie des appareils.

Quiconque aura jeté dans les eaux des drogues ou appâts, qui sont de nature à énivrer le poisson ou à le détruire, sera puni d'une amende de 30 fr. à 300 fr. et d'un emprisonnement de *un à trois mois*.

Une amende de 30 à 100 fr. sera prononcée contre ceux qui feront usage en quelque temps et en quelque fleuve, rivière, canal ou ruisseau que ce soit, de l'un des procédés ou mode de pêche, ou de l'un des instruments ou engins de pêche prohibés ; si le délit a eu lieu pendant le temps de frai, l'amende sera de 60 à 200 fr.

Sont prohibés :

1° Les filets traînants.

2° Les filets dont les mailles carrées, sans accrues et et non tendues ni tirées en losanges, auraient moins de 30 millimètres de chaque côté, après que le filet aura séjourné dans l'eau.

3° Les *bires, nasses,* ou autres engins dont les verges en osier seraient écartées entre elles de moins de 30 millimètres.

Sont néanmoins autorisés pour la pêche des *goujons, ablettes, loches, vérons, vandoises* et autres poissons de petite espèce, les filets dont les mailles auront 15 milli- mètres de largeur, et les nasses d'osier ou les autres engins dont les baguettes ou verges seront écartées de 15 millimètres ; les pêcheurs ont aussi la faculté de se servir de toute espèce de nasses en jonc, à jour, quel que soit l'écartement de leurs verges.

Quiconque se servira pour une autre pêche des filets spécialement affectés à cette dernière sera puni d'une amende de 30 à 100 fr., et si le délit a eu lieu pendant le temps de frai, l'amende sera de 60 à 200 fr.

Les *maris*, *pères*, *mères*, *tuteurs*, *fermiers* et porteurs de licences, ainsi que tous les propriétaires, maîtres et commettants sont civilement responsables des délits en matière de pêche commis par leurs *femmes*, *enfants mineurs*, *pupilles*, *bateliers* et *compagnons*, et tous autres subordonnés, sauf recours de droit.

§ 5. CHEMINS DE FER.

Dispositions législatives

INDISPÉNSABLES

Aux propriétaires Riverains des lignes en exploitation ou en projet.

LOI DU 15 JUILLET 1845.

Art. 1ᵉʳ. Les chemins de fer construits ou concédés par l'État font partie de la grande voirie.

Art. 2. Sont applicables aux chemins de fer les loi

et règlements sur la grande voirie, qui ont pour objet d'assurer la conservation des fossés, talus, levées et ouvrages d'art dépendant des routes, et d'interdire sur toute leur étendue, le passage des bestiaux et les dépôts de terres et objets quelconques.

Art. 3. Sont applicables aux propriétés riveraines des chemins de fer, les servitudes imposées par les lois et réglements sur la grande voirie et qui concernent :

1° L'alignement ;

2° L'écoulement des eaux ;

3° L'occupation des terrains en cas de réparation ;

4° La distance à observer pour les plantations et élagage des arbres plantés ;

5° Le mode d'exploitation des mines, minières, tourbières, carrières, sablières, dans la zône déterminée à cet effet.

Sont également applicables à la confection et à l'entretien des chemins de fer, les lois et règlements sur l'extraction des matériaux nécessaires aux travaux publics.

Art. 4. Tout chemin de fer sera clos des deux côtés et sur toute l'étendue de la voie.

Art. 5. A l'avenir, aucune construction autre qu'un mur de clôture ne pourra être établie dans une distance de deux mètres d'un chemin de fer.

Cette distance sera mesurée, soit de l'arête supérieure du déblai, soit de l'arête inférieure du talus du remblai, soit du bord extérieur des fossés du chemin, et à défaut, d'une ligne tracée à un mètre cinquante centimètres, à partir des rails extérieurs de la voie de fer.

Les constructions existantes au moment de la promulgation de la présente loi ou lors de l'établissement d'un nouveau chemin de fer, pourront être entretenues dans l'état où elles se trouveront à cette époque.

Un règlement d'administration publique déterminera les formalités à remplir par les propriétaires, pour faire constater l'état des dites constructions et fixera le délai dans lequel ces formalités devront être remplies.

Art. 6. Dans les localités où le chemin de fer se trouvera en remblai de plus de trois mètres au-dessus du terrain naturel, il est interdit aux riverains de pratiquer, sans autorisation préalable, des excavations dans une zône de largeur égale à la hauteur verticale du remblai, mesurée à partir du pied du talus.

Cette autorisation ne pourra être accordée sans que les concessionnaires ou fermiers de l'exploitation du chemin de fer aient été entendus ou dûment appelés.

Art. 7. Il est défendu d'établir, à une distance de moins de vingt mètres d'un chemin de fer desservi par des machines à feu, des couvertures en chaume, des meules de paille, de foin, et aucun autre dépôt de matières inflammables.

Art. 8. Dans une distance de moins de cinq mètres d'un chemin de fer, aucun dépôt de pierres ou objets non inflammables ne peut être établi sans l'autorisation préalable du Préfet.

Cette autorisation sera toujours révocable.

L'autorisation n'est pas nécessaire :

1° Pour former dans les localités, ou le chemin de fer est en remblai, des dépôts de matières non inflammables, dont la hauteur n'excéde pas celle du remblai du chemin.

2° Pour former des dépôts temporaires d'engrais et autres objets nécessaires à la culture des terres.

Art. 9. Lorsque la sûreté publique, la conservation du chemin et la disposition des lieux le permettront, les distances déterminées par les articles précédents pourront être diminuées en vertu d'une ordonnance rendue après enquête.

Art. 10. Si, hors des cas d'urgence prévus par la loi des 16 et 24 août 1790, la sûreté publique ou la conservation du chemin de fer l'exige, l'administration pourra faire supprimer, moyennant une juste indemnité, les constructions, plantations, excavations, couvertures en chaume, amas de matériaux combustibles ou autres, existant dans les zônes ci-dessus spécifiées, au moment de la promulgation de la présente loi, et, pour l'avenir, lors de l'établissement du chemin de fer.

L'indemnité sera réglée, pour la suppression des constructions, conformément aux titres IV et suivants de la loi du 3 mai 1841, et pour tous les autres cas, conformément à la loi du 16 septembre 1807.

Art. 11. Les contraventions aux dispositions du présent titre seront constatées, poursuivies et réprimées comme en matière de Grande Voirie.

Elles seront punies d'une amende de seize à trois centsfrancs, sans préjudice, s'il y a lieu, des peines portées au code pénal et au titre III de la présente loi, les contrevenants seront, en outre, condamnés à supprimer dans le délai déterminé par l'arrêté du conseil de préfecture, les excavations, couvertures, meules ou dépôts faits contrairement aux dispositions précédentes.

A défaut par eux de satisfaire à cette condamnation dans le délai fixé, la suppression aura lieu d'office, et le montant de la dépense sera recouvré contre eux par voie de contrainte, comme en matière de contribution publique.

Art. 16. Quiconque aura volontairement détruit ou dérangé la voie de fer, placé sur la voie un objet faisant obstacle à la circulation, ou employé un moyen quelconque pour entraver la marche des convois ou les faire sortir des rails, sera puni de la réclusion.

S'il y a eu homicide ou blessures, le coupable sera, dans le premier cas, puni de mort, et, dans le second, de la peine des travaux forcés à temps.

Art. 17. Si le crime prévu par l'article 16 a été commis en réunion séditieuse, avec rébellion ou pillage, il sera imputable aux chefs, auteurs, instigateurs et provocateurs de ces réunions, qui seront punis comme coupables du crime et condamnés aux mêmes peines que ceux qui l'auront personnellement commis, lors même que la réunion séditieuse n'aurait pas eu pour but direct et principal la destruction de la voie de fer.

Art. 18. Quiconque aura menacé par écrit anonyme ou signé, de commettre un des crimes prévus par l'art. 16, sera puni d'un emprisonnement de trois à cinq ans, dans le cas où la menace aurait été faite avec ordre de déposer une somme d'argent dans un lieu indiqué, ou de remplir toute autre condition.

Si la menace n'a été accompagnée d'aucun ordre ou condition, la peine sera d'un emprisonnement de trois mois à deux ans et d'une amende de 100 à 500 francs.

Si la menace avec ordre ou condition a été verbale, le coupable sera puni d'un emprisonnement de quinze jours à six mois, et d'une amende de 25 à 300 francs.

Dans tous les cas, le coupable pourra être mis, par le jugement, sous la surveillance de la haute police pour un temps qui ne pourra être moindre de deux ans ni excéder cinq ans.

Art. 19. Quiconque, par maladresse, imprudence, inattention, négligence ou inobservation des lois ou règlements, aura, involontairement, causé sur un chemin de fer ou dans les gares ou stations, un accident qui aura occasionné des blessures, sera puni de huit jours à six mois d'emprisonnement et d'une amende de cinquante à mille francs.

Si l'accident a occasionné la mort d'une ou plusieurs personnes, l'emprisonnement sera de six mois à cinq ans, et l'amende de trois cents à trois mille francs.

Art. 21. Toute contravention aux ordonnances royales portant règlement d'administration publique sur la police, la sûreté et l'exploitation des chemins de fer, et aux arrêtés pris par les Préfets, sous l'approbation du Ministre des travaux publics, pour l'exécution desdites ordonnances, sera puni d'une amende de 16 à 5000 francs.

En cas de récidive dans l'année, l'amende sera portée

au double, et le tribunal pourra, selon les circonstances, prononcer, en outre, un emprisonnement de trois
jours à un mois.

Art. 26. Toute attaque, toute résistance avec violences et voies de fait envers les agents des chemins de
fer dans l'exercice de leurs fonctions, sera punie des
peines appliquées à la rébellion, suivant les distinctions
faites par le Code pénal.

Ordonnance du 15 Novembre 1846

portant

RÉGLEMENT D'ADMINISTRATION PUBLIQUE

**sur la police, la sûreté, l'exploitation des chemins de fer
et des arrêtés pris par les Préfets.**

*Mesures concernant les voyageurs et personnes
étrangères aux chemins de fer.*

Art. 61. Il est défendu à toute personne étrangère
au service du chemin de fer :

1° De s'introduire dans l'enceinte du chemin de fer,
d'y circuler ou stationner ;

2° D'y jeter ou déposer aucun matériaux ni objets
quelconques ;

3° D'y introduire des chevaux, bestiaux ou animaux

d'aucune espèce ;

4° D'y faire circuler ou stationner aucune voiture, wagons ou machines étrangères au service ;

Art. 62. Sont exceptés de la défense portée au premier paragraphe de l'article précédent :

1° Les maires et adjoints ;

2° Les commissaires de police ;

3° Les officiers de gendarmerie ;

4° Les sous-officiers et gendarmes et autres agents de la force publique ;

5° Les préposés aux douanes et aux contributions indirectes et aux octrois ;

6° Les gardes-champêtres et forestiers dans l'exercice de leurs fonctions et revêtus de leurs uniformes ou de leurs insignes.

Dans tous les cas, les fonctionnaires et les agents désignés aux paragraphes précédents seront tenus de se conformer aux mesures spéciales de précaution qui auront été déterminées par le Ministre, la compagnie entendue.

Art. 63. Il est défendu :

1° D'entrer dans les voitures, sans avoir pris un billet et de se placer dans une voiture d'une autre classe que celle qui est indiquée par le billet.

2° D'entrer dans une voiture et d'en sortir autrement que par la portière qui fait face au côté extérieur de la ligne du chemin de fer;

3° De passer d'une voiture dans une autre, de se

pencher au dehors.

Les voyageurs ne doivent sortir des voitures qu'aux stations et lorsque le train est complètement arrêté.

Il est défendu de fumer dans les voitures ou sur les voitures et dans les gares ; toutefois, à la demande de la compagnie et moyennant des mesures spéciales de précaution, des dérogations à cette disposition pourront être autorisées.

Les voyageurs sont tenus d'obtempérer aux injonctions des agents de la compagnie, pour l'observation des dispositions mentionnées au paragraphe, ci-dessus.

Art. 64. Il est interdit d'admettre dans les voitures, plus de voyageurs que ne le comporte le nombre de places indiqué.

Art. 65. L'entrée des voitures est interdite :

1° A toute personne en état d'ivresse ;

2° A tout individu porteur d'armes à feu chargées ou de paquets qui, par leur nature, leur volume ou leur odeur, pourraient gêner ou incommoder les voyageurs.

Tout individu porteur d'une arme à feu, devra, avant son admission sur les quais d'embarquement, faire constater que son arme n'est point chargée.

Art. 66. Les personnes qui voudront expédier des marchandises ou matières pouvant donner lieu à des explosions ou à des incendies devront les déclarer au moment où elles les apporteront dans les gares et stations du chemin de fer, afin qu'il soit pris des mesures de précaution à l'égard de ces marchandises.

Art. 67. Aucun chien ne sera admis dans les voitures servant au transport des voyageurs; toutefois, la compagnie pourra placer dans des caisses de voitures spéciales, les voyageurs qui ne voudraient pas se séparer de leurs chiens, pourvu que ces animaux soient muselés, en quelque saison que ce soit.

Art· 68. Les chevaux ou bestiaux abandonnés qui seront trouvés dans l'enceinte du chemin de fer, seront saisis et mis en fourrière.

Art. 70. Aucun crieur, vendeur ou distributeur d'objets quelconques ne pourra être admis par la compagnie à exercer sa profession, dans les cours ou bâtiments des stations et dans les salles d'attente destinées aux voyageurs, qu'en vertu d'une autorisation spéciale du **Préfet** du département.

Art. 76. Il sera tenu dans chaque station un registre côté et paraphé, destiné à recevoir les réclamations des voyageurs qui auraient des plaintes à former soit contre la compagnie, soit contre ses agents. Ce registre sera présenté à toute réquisition des voyageurs.

Observations Générales.

Nous avons donné les dispositions principales :

1° De la loi du 15 juillet 1845 qui a pour but de prévenir, prescrire, prohiber, sous les sanctions générales édictées par ladite loi, en ce qui touche l'ordre public ;

2° De l'ordonnance portant réglement sur la police, la sûreté et l'exploitation des chemins de fer, qui en est le complément.

Dans le premier cas, il s'agit d'éclairer principalement les propriétaires riverains.

Dans le deuxième cas, d'éclairer les voyageurs en général.

Comme les chemins de fer, en se multipliant, sont appelés à toucher un peu à tous les intérêts, nous devons entrer dans quelques détails concernant plus particulièrement le commerce et les nombreux propriétaires qui ont ou pourraient avoir quelques capitaux engagés dans cette industrie.

Homologation des Taxes.

Cette mesure est incontestablement l'une des questions les plus importantes de l'exploitation des chemins de fer.

En effet, le gouvernement a voulu protéger l'intérêt général, d'une part, en même temps qu'il a dû surveiller l'intérêt des actionnaires, car les entreprises des chemins de fer sont du domaine des sociétés anonymes; l'État est même intéressé à une bonne gestion, puisqu'il partage dans les bénéfices. Aussi, les cahiers des charges fixent-ils des maxima de taxes qui ne peuvent, dans aucun cas, être dépassés; seulement, il est facultatif aux compagnies d'abaisser leurs prix, mais cette mesure doit être soumise à l'approbation de l'administration supérieure.

En Angleterre, où l'homologation n'a pas été exigée, il en est résulté que les compagnies se sont fait une concurrence dont les résultats désastreux ont porté la perturbation dans diverses entreprises, en dévorant de nombreux capitaux.

En France, au moyen de l'homologation des taxes, sagement pratiquée par le gouvernement, nous n'avons nullement à redouter de pareils résultats.

Le gouvernement comprend et exerce ses droits d'homologation avec d'autant plus de facilité, qu'ils doivent se combiner avec les latitudes du cahier des charges et les nombreux intérêts qu'il a pour devoir de protéger par un contrôle à la fois tutélaire, juste et sévère.

Les variations de tarifs proposées par les compagnies sont d'ailleurs l'objet d'un examen sérieux, et lorsque le gouvernement a autorisé un abaissement de taxes, ces taxes ne peuvent plus être relevées, aux termes du cahier des charges, qu'après :

1° Trois mois pour les voyageurs ;

2° Une année pour les marchandises. Il importe, en effet, que des oscillations, trop souvent réitérées, ne viennent pas surprendre le commerce et que l'administration, elle-même, n'ait pas trop souvent à revenir sur les mêmes mesures.

Tous les tarifs, toutes les taxes accessoires de toute nature, ne peuvent être perçus par les compagnies, qu'en vertu de décisions ministérielles rendues exécutoires par des arrêtés préfectoraux.

Les cahiers des charges portent :

1° Qu'il y aura trois classes de voitures ;

2° Trois classes générales de marchandises (petite vitesse.) Quant aux transports à la grande vitesse (messagerie), le prix en est uniformément et généralement fixé à 56 centimes par tonne de 1,000 kilog. Les excé-

dants de bagages sont taxés au même prix que la messagerie.

Chaque voyageur a droit aujourd'hui, à un poids
de bagages de 30 kilogrammes. La tonne de 1000 kilogrammes est aujourd'hui la base de l'unité de poids,
sur les chemins de fer, comme le kilomètre est celle
de la distance légale.

En général, suivant les cahiers des charges, les fractions de poids ne sont comptées que par 100e de tonne,
c'est-à-dire que tout poids compris entre un et dix
kilogrammes, paie comme dix kilogrammes, entre dix
et vingt kilogrammes il paie comme vingt kilogrammes
ainsi de suite,

La perception des taxes principales a lieu par kilomètre ; toutefois, lorsque la distance parcourue est
au-dessous de six kilomètres, le droit est perçu comme pour six kilomètres entiers.

Nous avons dit plus loin que le cahier des charges
classait en trois catégories, avec maxima correspon-
dant à chacune d'elles, les marchandises transportées
à petite vitesse ; en effet, il était impossible de prévoir
le classement de toutes marchandises, mais les assi-
milations de classes et de série étant également soumises à l'homologation du gouvernement, il n'y a
aucune confusion à redouter à l'égard de cette mesure rendue nécessaire par le développement inces-
sant de l'industrie.

Les cahiers des charges fixent également des prix
maxima pour le transport des chevaux et des bestiaux de toute espèce, ainsi que pour les voitures

particulières, bien que les prix ne soient pas tout à fait les mêmes sur toutes les lignes, il est néanmoins à considérer, comme principe général, que c'est par kilomètre, et, qu'en outre, pour les expéditions de chevaux, bestiaux et voitures particulières à la vitesse des trains de voyageurs, la taxe est double du tarif ordinaire.

Il y a enfin un tarif spécial pour les valeurs exceptionnelles d'or, d'argent, de diamants etc. etc. et des taxes de détail, telles que frais de chargement et déchargement de voitures, bestiaux ou autres objets assimilables, les frais de magasinage et d'entrepôt dans les gares et stations, etc. etc.

Quant aux petites taxes accessoires résultant de la force des choses et qui n'ont pu être prévues par les cahiers des charges, elles sont réglées et approuvées annuellement par les soins de l'administration supérieure, sur la proposition des compagnies.

En principe, les tarifs concédés aux compagnies se divisent en deux parties distinctes :

1° Le péage.

2° Le transport.

Le péage est la rémunération des frais généraux des soins et des risques de l'entreprise, et a aussi pour but essentiel l'amortissement du capital social de la compagnie.

Quant au transport il est l'évaluation des frais de traction et de l'exploitation.

L'Etat perçoit l'impôt d'un dixième sur les places des voyageurs, mais, seulement, sur la partie correspondante au transport.

Les compagnies perçoivent l'impôt du dixième en sus des taxes qui leur appartiennent et en font le décompte général devant l'administration des contributions directes ; cet impôt est versé au Trésor.

Il est à remarquer que l'État suit les compagnies pas à pas dans toutes les perceptions de taxes et dans tous les détails de l'exploitation commerciale. Par ce moyen de contrôle actif et de tous les instants, l'administration supérieure assure incontestablement à cette grande industrie toutes les garanties possibles.

Trains de plaisir.

Quant aux taxes des trains de plaisir, il a été impossible de les soumettre aux formalités exigées par l'article 59 de l'ordonnance du 15 novembre 1846. Car, ainsi qu'il résulte de plusieurs décisions interprétatives, ces trains étant le plus souvent motivés par des circonstances imprévues, l'administration supérieure, d'ailleurs, ayant reconnu qu'ils tournaient toujours au profit des voyageurs, ne manque jamais de les approuver d'urgence.

DÉLAIS DE TRANSPORT

par

PETITE VITESSE

des animaux et autres marchandises.

Les cultivateurs, commerçants et autres expéditeurs ayant un grand intérêt à connaître les délais légaux du transport par les chemins de fer, nous ne pouvons mieux les fixer qu'en reproduisant le texte de l'arrêté ministériel du 15 avril 1859, ainsi conçu :

Art. 6. Les animaux, denrées, marchandises et objets quelconques, transportés à petite vitesse, seront expédiés dans le jour qui suivra celui de leur remise.

Art. 7. La durée du trajet, pour les transports à petite vitesse, sera calculée à raison de vingt-quatre heures par fraction indivisible de 125 kilomètres.

Ne seront pas compris les excédants de distance jusques et y compris 25 kilomètres. Ainsi 150 kilomètres compteront comme 125, 250 comme 275.

Art. 8. Pour les animaux, denrées, marchandises et objets quelconques passant d'une ligne sur une autre, sans solution de continuité, le délai d'expédition fixé par l'article 6, ne sera compté qu'à la gare originaire, et une seule fois ; mais il est accordé aux compagnies un jour de délai pour la transmission d'une ligne à l'autre, la durée du trajet, pour chaque compagnie, restant fixé comme il est dit à l'art. 7.

Toutefois, à Paris, pour la transmission d'une gare à l'autre par le chemin de fer de Ceinture, le délai sera de deux jours, mais il comprendra la durée du trajet sur ledit chemin.

Le délai de transmission entre les lignes qui, aboutissant dans une même localité, n'ont pas encore de gare commune, sera porté à trois jours. Le surplus du paragraphe 1er du présent article restera applicable dans ce dernier cas.

Art. 9. Les expéditions seront mises à la disposition

des destinataires dans le jour qui suivra celui de leur arrivée effective en gare.

Art. 10. Le délai total résultant des art. 6, 7, 8 et 9 sera seul obligatoire pour les compagnies.

Art. 11. Les délais plus longs que ceux déterminés, ci-dessus, pour l'expédition, le transport et la livraison des marchandises à petite vitesse, sont maintenus dans les tarifs spéciaux où ils ont été introduits avec l'approbation de l'administration supérieure, comme compensation d'une réduction de prix.

Art. 12. Du 1er avril au 30 septembre, les gares seront ouvertes pour la réception et la livraison des marchandises à petite vitesse, à six heures du matin. au plus tard, et fermées, au plus tôt, à six heures du soir.

Du 1er octobre au 31 mars, elles seront ouvertes à sept heures du matin, au plus tard, et fermées, au plus tôt, à cinq heures du soir.

Par exception, les dimanches et jours fériés, les gares des marchandises à petite vitesse seront fermées à midi, et les livraisons restant à faire avant la fin de la journée seront remises à la première moitié du jour suivant.

Dans ce dernier cas, le délai fixé pour la perception du droit de magasinage, soit par les tarifs généraux, soit par les tarifs spéciaux homologués par l'administration supérieure, sera augmenté de tout le temps compris entre l'heure de midi et l'heure réglée aux paragraphes 1 et 2 du présent article, pour la fermeture des gares.

Art. 13. Aux délais fixés, ci-dessus, tant pour la grande que pour la petite vitesse, seront ajoutés les délais nécessaires pour l'accomplissement des formalités de douane.

Art. 14. Toute expédition de marchandises sera constatée, si l'expéditeur le demande, par une lettre de voiture, dont un exemplaire restera aux mains de la compagnie, et l'autre aux mains de l'expéditeur. Dans le cas où l'expéditeur ne demanderait pas de lettre de voiture, la compagnie sera tenue de lui délivrer un récépissé qui énoncera la nature et le poids des colis, le prix total du transport et le délai dans lequel ce transport devra être effectué.

Nota. — Les expéditeurs ont toujours intérêt à demander une lettre de voiture qui a plus de valeur devant un tribunal que le récépissé.

De l'Expropriation.

L'expropriation pour cause d'utilité publique se divise en trois périodes distinctes, dont chacune nécessite des formalités d'un ordre différent.

La première période commence à l'approbation du tracé définitif des travaux; elle finit au moment où l'arrêté de cessibilité est rendu par le Préfet.

Les formalités à accomplir ont pour but la détermination des parcelles à occuper, et elles sont purement administratives.

La deuxième période prend naissance à l'arrêté de cessibilité et elle s'arrête à la formation du jury.

Ici, les formalités ont un caractère entièrement judiciaire ; elles sont destinées à amener la translation
de la propriété et elles renferment la procédure nécessaire pour parvenir à la fixation, soit amiable, soit
judiciaire de l'indemnité.

La troisième période est l'époque comprise entre la
réunion du jury et le payement ; elle est remplie par
les démarches indispensables pour la fixation de l'indemnité et de la libération de la compagnie envers
les intéressés.

Au premier examen des indications qui précèdent,
il sera facile de reconnaître que les formalités en
matière d'expropriation sont nombreuses, détaillées
et d'une exécution difficile. Aussi la pratique a-t-elle
prouvé qu'à moins de puissants motifs, les traités amiables sont presque toujours préférables ; nous dirons,
même, que l'expérience personnelle nous a démontré qu'après toutes les formalités accomplies, après
avoir subi toutes les lenteurs et autres désagréments
qu'elles entraînent, les propriétaires étaient souvent
obligés de revenir à des traités amiables, afin d'éviter
par cette transaction les conséquences d'une juridiction dernière, dont la décision leur est presque toujours moins favorable que les offres primitives de la
compagnie, et cela s'explique par les raisons que voici :

1° Les compagnies toujours pressées d'entrer en
possession des terrains qui leur sont indispensables
après le tracé définitif d'une ligne, ont besoin de franchir les nombreuses formalités légales ;

2° Pour épuiser tous les degrés de juridiction, il faut,

constamment sur pied, un nombreux personnel, des déplacements onéreux d'employés supérieurs etc. etc. et, en définitive, les compagnies ne peuvent pas constamment occuper de leurs affaires d'intérêt, soit l'autorité administrative, soit l'autorité judiciaire.

En effet, dans les circonstances qui précèdent, les débats ne manquent jamais de s'animer sur des questions d'une haute importance et dont la tendance naturelle est presque toujours de remonter jusqu'à la responsabilité de l'administration supérieure, *trop souvent mise en cause* par les mécontents et que les compagnies ont pour devoir bien entendu de ménager sous plusieurs rapports, qu'il est inutile de reproduire ici.

Nous devions aux propriétaires riverains les divers renseignements qui précèdent, et nous persistons à leur donner pour conseil de préférer les traités amiables aux conséquences forcées de la loi d'expropriation, qui ne doit être considérée que comme moyen extrême et plus souvent nuisible que favorable à leurs intérêts.

D'ailleurs, et comme les transactions que nous conseillons plus loin nous paraissent naturellement susceptibles de s'opérer dès les premières démarches des compagnies auprès des propriétaires, nous ne pouvons mieux faire que de donner à ces derniers, les dispositions de la loi, en ce qui concerne la première période, dans la limite de laquelle ils ont généralement intérêt de s'arrêter.

Loi du 3 Mai 1841.

Art. 1er. L'expropriation pour cause d'utilité publique s'opère par autorité de justice.

Art. 2. Les tribunaux ne peuvent prononcer l'expropriation qu'autant que l'utilité en a été constatée et déclarée dans les formes prescrites par la présente loi.

Ces formes consistent :

1° Dans la loi ou l'ordonnance qui autorise l'exécution des travaux pour lesquels l'expropriation est requise ;

2° Dans l'acte du Préfet qui désigne les localités ou territoires sur lesquels les travaux doivent avoir lieu, lorsque cette désignation ne résulte pas de la loi ou de l'ordonnance ;

3° Dans l'arrêté ultérieur par lequel le Préfet détermine les propriétés particulières auxquelles l'expropriation est applicable.

Cette application ne peut être faite à aucune propriété particulière qu'après que les parties intéressées ont été mises en état d'y fournir leurs contredits, selon les règles exprimées au Titre II.

Art. 5. Le plan desdites propriétés particulières indicatif des noms de chaque propriétaire, tels qu'ils sont inscrits sur la matrice des rôles, reste déposé pendant huit jours à la mairie de la commune où les propriétés sont situées, afin que chacun puisse en prendre connaissance.

Art. 6. Le délai fixé à l'article précédent ne court qu'à partir de l'avertissement qui est donné collectivement aux parties intéressées de prendre communication du plan déposé à la mairie.

Cet avertissement est publié à son de trompe ou de caisse dans la commune, et affiché tant à la porte principale de l'église du lieu, qu'à celle de la maison commune.

Il est, en outre, inséré dans l'un des journaux du département.

Art. 7. Le Maire certifie ces publications et affiches ; il mentionne sur un procès-verbal qu'il ouvre à cet effet, et que les parties qui comparaissent sont requises de signer, les déclarations et réclamations qui lui ont été faites verbalement et y annexe celles qui lui sont transmises par écrit.

Art. 8. A l'expiration du délai de huitaine prescrit par l'art. 5, une commission se réunit au chef-lieu de la Sous-Préfecture.

Cette commission, présidée par le Sous-Préfet de l'arrondissement, sera composée de quatre membres du Conseil général du département ou du Conseil de l'arrondissement, désignés par le Préfet, du Maire de la commune où les propriétés sont situées, et de l'un des ingénieurs chargés de l'exécution des travaux.

La commission ne peut délibérer verbalement qu'autant que cinq de ses membres, au moins, sont présents.

Dans le cas où le nombre des membres présents serait de six, et où il y aurait partage d'opinions, la voix du Président sera prépondérante.

Les propriétaires qu'il s'agit d'exproprier ne peuvent être appelés à faire partie de la commission.

Art. 9. La commission reçoit, pendant huit jours, les observations des propriétaires. Elle les appelle toutes les fois qu'elle le juge convenable; elle donne son avis. Les opérations doivent être terminées dans le délai de huit jours, après quoi le procès-verbal est adressé immédiatement par le Sous-Préfet au Préfet.

Dans le cas où lesdites opérations n'auraient pas été mises à fin dans le délai ci-dessus, le Sous-Préfet devra, dans les trois jours, transmettre au Préfet son procès-verbal et les documents recueillis.

Art. 10. Si la commission propose quelque changement au tracé indiqué par les ingénieurs, le Sous-Préfet devra, dans la forme indiquée par l'art. 6, en donner immédiatement avis aux propriétaires que ces changements peuvent intéresser.

Pendant la huitaine, à dater de cet avertissement, le procès-verbal et les pièces resteront déposés à la Sous-Préfecture; les parties intéressées pourront en prendre connaissance sans déplacement et sans frais, et fournir leurs observations écrites.

Dans les trois jours suivants, le Sous-Préfet transmettra toutes les pièces à la Préfecture.

Art. 11. Sur le vu du procès-verbal et des documents y annexés, le Préfet détermine par un arrêté motivé, les propriétés qui doivent être cédées, et indique l'époque à laquelle il sera nécessaire d'en prendre possession. Toutefois, dans le cas où il résulterait de l'avis de la commission, qu'il y aurait lieu de modifier le tracé des travaux ordonnés, le Préfet sursoiera jusqu'à ce qu'il ait été prononcé par l'administration supérieure.

Ainsi que nous l'avons dit plus haut, les formalités à remplir sont nombreuses et minutieuses, même pour arriver soit à l'arrêté préfectoral de cessibilité, soit à la décision de l'administration supérieure comme point limitatif de la première période seulement. |Mais comme il s'agit d'une matière délicate, la loi, pour être appropriée à sa destination, a dû se montrer exigeante et détaillée, et comme il est indispensable, pour des raisons particulières, de l'appliquer dans sa lettre et non dans son esprit, si les formalités exigées n'ont rien de superflu au point de vue légal, nous répétons qu'elles sont très-longues.

Quant à l'opposition systématique de quelques mécontents, légalement et justement frappés par cette loi, et tout en respectant, d'ailleurs, les sentiments bien naturels qui peuvent se rattacher aux titres primitifs, à la jouissance et au désir de conserver une propriété à laquelle peuvent se rattacher des souvenirs de famille et autres, également chers, il faut cependant bien reconnaître, ici, qu'il s'agit d'une loi sage à laquelle il ne manque rien pour faire équitablement la part de chacun, et qui, en donnant raison à l'intérêt général contre l'intérêt particulier, enlève l'éteignoir trop longtemps posé sur un progrès destiné à changer la face du monde.

§ 7. DRAINAGE.

Décret impérial du 10 juin 1854. — Des encouragements au drainage. — Loi du 3 juillet 1856.

Décret impérial du 10 juin 1854.

Le drainage est d'une telle importance aux agriculteurs, qu'il est nécessaire de leur donner quelques explications au point de vue des moyens à employer, soit pour assainir les terrains marécageux, soit pour l'irrigation de ceux qui en ont besoin.

En effet, dans l'intérêt général, comme dans l'intérêt particulier, il est nécessaire que les propriétés soient désormais affranchies, soit d'une humidité, soit d'une sécheresse qui constituent à la fois l'insalubrité et une non-valeur considérable dans l'agriculture.

C'est donc en vue de ce double intérêt qu'a été rendu le décret précité, et nous ne pouvons mieux faire que d'en reproduire les dispositions.

Art. 1er Tout propriétaire qui veut assainir son fonds par le drainage ou autre mode d'assèchement, peut, au moyen d'une juste et préalable indemnité, en conduire les eaux souterraines ou à ciel ouvert, à travers les propriétés qui séparent ce fonds d'un cours d'eau ou de toute autre voie d'écoulement.

Sont exceptés de cette servitude les maisons, cours, jardins, parcs et enclos attenant aux habitations.

Art. 2. Les propriétaires de fonds voisins ou traversés ont la faculté de se servir des travaux faits en vertu de l'article précédent, pour l'écoulement des eaux de leurs fonds ; ils supportent dans ce cas ; 1° Une part proportionnelle dans la valeur des travaux dont ils profitent ; 2° Les dépenses résultant des modifications que l'exercice de cette faculté peut rendre nécessaire ; 3° Pour l'avenir, une part contributive dans l'entretien des travaux devenus communs.

Art. 3. Les associations de propriétaires qui veulent, au moyen de travaux d'ensemble, assainir leur héritage par le drainage ou tout autre moyen d'assèchement, jouissent des droits et supportent les obligations qui résultent des articles précédents. Ces associations peuvent, sur leur demande, être constituées par arrêtés préfectoraux, en syndicats auxquels sont applicables les articles 3 et 4 de la loi du 14 floréal an XI.

Art. 4. Les travaux que voudraient exécuter les associations syndicales, les communes ou les départements, pour faciliter le drainage ou tout autre moyen d'assèchement, peuvent être déclarés d'utilité publique par décret rendu en conseil d'Etat.

Le règlement des indemnités dues pour expropriation est fait conformément aux paragraphes 2 et suivants de l'article 16 de la loi du 21 mai 1836.

Art. 5. Les contestations auxquelles peuvent donner lieu l'établissement et l'exercice de la servitude, de la fixation du parcours des eaux, l'exécution des travaux de drainage ou d'assèchement, les indemnités et les frais d'entretien, sont portées en premier ressort devant le

juge du paix du canton, qui, en prononçant, doit concilier les intérêts de l'opération avec le respect dû à la propriété.

S'il y a lieu à expertise, il pourra n'être nommé qu'un
seul expert.

Art. 6. La destruction totale ou partielle des conduits
d'eau où fossés évacuateurs est puni des peines portées
par l'article 456 du code pénal.

Tout obstacle apporté volontairement au libre écoulement des eaux est puni des peines portées par l'article
457 du même code.

L'article 463 du code pénal peut être appliqué.

Art. 7. Il n'est aucunement dérogé aux lois qui réglent
la police des eaux.

Encouragements donnés par l'Etat.

Loi du 23 juillet 1856.

Art. 1er. Une somme de *Cent millions* est affectée à
des prêts destinés à faciliter les opérations du drainage.

Un article de la loi de finance fixe, chaque année, le
crédit dont le Ministre de l'Agriculture du Commerce et
des Travaux publics peut disposer pour cet emploi.

Art. 2. Les prêts effectués en vertu de la présente loi
sont remboursables en vingt-cinq ans, par annuité comprenant l'amortissement du capital et l'intérêt calculé à
4 pour 100.

L'emprunteur a toujours le droit de se libérer par
anticipation, soit en totalité, soit en partie.

Le recouvrement des annuités a lieu de la même manière que celui des contributions directes.

Art. 3. Il est accordé au Trésor public, pour le recouvrement de l'annuité échue et de l'annuité courante sur les récoltes ou revenus des terrains drainés, un privilège qui prend rang immédiatement après celui des contributions publiques ; néanmoins, les sommes dues pour les semences ou pour les frais de la récolte de l'année sont payées sur le prix de la récolte, avant la créance du Trésor public.

Le Trésor public a également, pour le recouvrement de ses prêts, un privilège qui prend rang avant tout autre sur les terrains drainés.

Art. 4. Le privilège sur les terrains drainés tel qu'il est établi par l'article précédent, est accordé : 1° Aux syndicats pour le recouvrement de la taxe d'entretien et des prêts ou avances faits par eux ; 2° Aux prêteurs, pour le remboursement des prêts faits à des syndicats ;

3° Aux entrepreneurs, pour le paiement du montant des travaux de drainage par eux exécutés ; 4° A ceux qui ont prêté des deniers pour payer ou rembourser les entrepreneurs, en se conformant aux dispositions du paragraphe 5 de l'article 2103, du Code Napoléon.

Les syndicats ont, en outre, pour la taxe d'entretien de l'année échue et de l'année courante, le privilège sur les récoltes ou revenus, tel qu'il est établi par l'article 3.

Le privilège n'affecte chacun des immeubles compris dans le périmètre d'un syndicat que pour la part de cet immeuble dans la dette commune.

Art. 5. Toute personne ayant une créance privilégiée ou hypothécaire, antérieure au privilège acquis en vertu de la présente loi, a le droit, à l'époque de l'aliénation de l'immeuble, de faire réduire ce privilège à la plus-value existant à cette époque et résultant des travaux de drainage.

Art. 6. Le Trésor public, les syndicats, les prêteurs et les entrepreneurs n'acquièrent le privilège que sous la condition d'avoir préalablement fait dresser un procès-verbal, à l'effet de constater l'état de chacun des terrains à drainer, relativement aux travaux de drainage projetés, d'en déterminer le périmètre et d'en estimer la valeur actuelle, d'après les produits.

Lorsqu'il s'agit d'un prêt demandé au Trésor public, le procès-verbal est dressé par un ingénieur ou un homme de l'art, commis par le Préfet, assisté d'un expert désigné par le juge de paix ; s'il y a désaccord entre l'ingénieur et l'expert, celui-ci fait consigner ses observations dans le procès-verbal.

Dans les autres cas, le procès-verbal est dressé par un expert désigné par le juge de paix du canton, où sont situés les biens.

Les entrepreneurs qui ont exécuté les travaux pour des propriétaires non constitués en syndicat doivent, de plus, faire vérifier la valeur de leurs travaux, dans les deux mois de leur exécution, par un expert désigné par le juge de paix. Le montant du privilége ne peut pas excéder la valeur constatée par ce second procès-verbal.

Art. 7. Le privilège accordé par la présente loi sur

les terrains drainés, se conserve par une inscription prise, pour le Trésor public et pour les prêteurs, dans les deux mois de l'arrêté qui les constitue ; pour les entrepreneurs, dans les deux mois du procès-verbal prescrit par le premier paragraphe de l'article 6.

L'inscription contient, dans tous les cas, un extrait sommaire de ce procès-verbal.

Lorsqu'il y a lieu à vérification des travaux, en exécution du quatrième paragraphe de l'article 6, il est fait mention, en marge de l'inscription, du procès-verbal de cette vérification, dans les deux mois de sa date.

Art. 8. L'acte de prêt consenti au profit d'un syndicat répartit provisoirement la dette entre les immeubles compris dans le périmètre du syndicat, proportionnellement à la part que chacun de ces immeubles doit supporter dans la dépense, et l'inscription est prise d'après cette répartition provisoire.

Pour les avances d'un syndicat, l'inscription est également prise d'après une répartition provisoire faite comme il est dit au paragraphe précédent, par les soins du syndicat.

Si la répartition provisoire est rectifiée ultérieurement par l'effet des recours ouverts aux propriétaires en vertu de l'article 4, de la loi du 14 floréal, an XI, il est fait mention de cette rectification en marge des inscriptions, à la diligence du syndicat, dans les deux mois de la date où la répartition nouvelle est devenue définitive ; le privilège s'exerce conformément à cette dernière répartition.

Art. 9. Si une opération de drainage aggrave les dépenses d'un cours d'eau réglé par la loi 14 floréal an XI, les terrains drainés sont compris dans les propriétés intéressées et imposés conformément à cette loi.

Art. 10. Un règlement d'administration publique détermine les conditions et les formes des prêts faits par le Trésor public, les mesures propres à assurer l'emploi des fonds provenant de ces prêts à l'exécution des travaux de drainage, les formes de la surveillance de l'administration sur l'exécution et l'entretien des travaux de drainage effectués avec les prêts faits par le Trésor public, et, en général, toutes les mesures nécessaires à l'exécution de la présente loi.

Malgré les explications qui précèdent, quelques propriétaires, cultivateurs, etc. peuvent encore se préoccuper des formalités exigées par les dispositions de la loi de 1856, et pour compléter les détails dans lesquels ils auront à puiser les bases de l'opération la plus avantageuse à la position de chacun d'eux, voici à leur tour les ressources que le Crédit Foncier peut offrir aux propriétaires qui désireraient agir isolément et en dehors des syndicats.

En effet, il est impossible de méconnaître les bienfaits déjà obtenus par le Crédit Foncier.

Voici quelques développements à cet égard.

Si l'argent est incontestablement la clé de toute espèce d'entreprise, c'est assurément le petit cultivateur qui, quoique méritant en général toute confiance, éprouve le plus de difficultés pour s'en procurer : cela s'explique

par les raisons bien simples que voici, et qui mettent à
l'abri de tout soupçon la probité, l'esprit d'ordre et d'économie qui l'ont vu naître, beaucoup travailler et souvent
mourir sans s'enrichir:

1° Il vit éloigné du trafic qui pourrait le faire connaître et apprécier à sa juste valeur, car il est livré aux
travaux des champs, pour lesquels tous ses moments
sont comptés, afin de satisfaire aux exigences incessantes
d'une bonne culture, dans le détail de laquelle, suivant
son appréciation, l'œil du maître vaut bien toutes nos
inventions théoriques; enfin, ses relations en général ne
s'étendent guère au-delà de la ferme au champ et au
marché du chef-lieu de canton ou d'arrondissement.

2° Le petit cultivateur et surtout le fermier, craint
les innovations, car, souvent chargé de famille, vi-
vant exclusivement de ses produits, et souvent au jour
le jour, il considère chaque tentative d'expérience
comme une mise à la loterie à laquelle il ne se ha-
sarde guère qu'à la remorque des gros propriétaires-
cultivateurs.

Tout en respectant la crainte et l'hésitation qu'é-
prouvent encore les cultivateurs toujours guidés par
la prudence, nous devons, cependant, les avertir des
dangers de leur persistance, que résument les deux
raisons suivantes :

1° Si le fermier persiste encore dans le système de
ses pères, il s'expose à compromettre ses intérêts,
car, il arrive sans s'en douter, à se mettre, en général,
en opposition, non seulement avec son propriétaire,
mais aussi avec le développement de la civilisation

et des progrès agricoles.

2° Si le fermier est resté stationnaire en matière d'agriculture, son propriétaire lui, est en progrès, car, en comparant les quittances du fermage de nos jours avec celle de nos pères, on trouve les prix doublés et même triplés, depuis 60 ans.

Cette augmentation se justifie jusqu'à un certain point, par la position faite aux propriétaires depuis le morcellement de la propriété, par le code Napoléon, car, en effet, il y a aujourd'hui des propriétés qui payent en contributions, presque le chiffre du bail à l'époque précitée.

Ici, il reste entendu que nous n'avons aucune larme à verser sur l'abolition du droit d'ainesse ; nous constatons seulement un fait qui nous semble incontestable.

Voyons maintenant le Crédit Foncier.

§ 8. CRÉDIT FONCIER.

Décret du 28 février 1852.

Le Crédit Foncier, inspiré par une idée grande et généreuse, assure aux petits propriétaires et cultivateurs, les moyens de réaliser de nobles entreprises, en leur procurant à bon marché les fonds nécessaires.

Fournir des capitaux à intérêts réduits, c'est à la

fois le triomphe des petits propriétaires et cultivateurs, en général, dignes à tous égards de tant d'intérêt, et le tombeau de ce ver rongeur qui a paralysé pendant si longtemps leurs nobles et si courageux efforts, *c'est-à-dire l'Usure*.

Les bienfaits incontestables de la loi mentionnée, sont déjà prouvés en partie; ainsi qu'on l'a chanté *Crédit n'était donc pas mort, mais seulement malade*, et de l'avis même de ces inflexibles prêteurs à la petite semaine qui ont spéculé trop longtemps et d'une manière si cruelle sur la *sueur*, la *faim* et la *soif* des petits cultivateurs, c'est l'Usure qui est tombée pour ne plus se relever.

Si maintenant, le mérite, les capacités, l'intelligence et le génie trouvent des garanties incontestables dans le Crédit Foncier, c'est, assurément, la nombreuse famille des cultivateurs qui est appelée à en profiter, en prouvant une fois de plus à l'agiotage, que vertu sans argent n'est pas meuble inutile.

En effet, moyennant des garanties suffisantes, il est facile de se procurer des fonds que l'on n'aura presque jamais à rembourser, et que, cependant, on cessera de devoir après un certain laps de temps, puisqu'au moyen d'une annuité presque égale au taux ordinaire, on se trouve libéré de tout, après un terme facultatif pour l'emprunteur, dans la limite de cinquante ans. Ainsi, une somme de 1000 francs, par exemple, empruntée aujourd'hui, se trouverait complètement remboursée dans cinquante ans, pourvu que l'emprunteur ait régulièrement payé ses annuités, dont le taux s'élèvera tout au plus à cinq ou cinq et demi pour cent. Il est entendu qu'on peut se libérer plus tôt, en élevant le chiffre de l'annuité, et même abréger les délais primitivement fixés, en remboursant ce qui peut rester dû sur le capital, déduction faite des annuités déjà payées, et, certes, le maximun des móyens que nous venons d'indiquer sera encore bien loin d'atteindre les chiffres scandaleux de l'usure, que subissaient naguère les emprunteurs, avec cette différence que, dans le premier cas, ils marchent à l'acquit de l'emprunt primitif et que dans le second, ils marchaient à leur ruine.

La condition principale pour obtenir du Crédit Foncier le prêt d'une somme, c'est de présenter des garanties suffisantes, qui se réduisent à une hypothèque en premier rang sur des immeubles d'une valeur au moins double de la somme empruntée. Toutefois, on peut donner à une hypothèque subséquente le premier rang en éteignant celles qui la précèdent ; ainsi, le possesseur d'une propriété de 10,000 francs, par exemple, sur laquelle existent déjà des inscriptions ne dépassant pas 5000 francs, peut obtenir le prêt de cette dernière somme, à la condition que le montant en sera employé à éteindre les créances déjà inscrites. Il va sans dire que, si au lieu de devoir déjà 5000 francs, ce propriétaire ne devait qu'une somme moindre, on lui prêterait également cette même somme à la charge de faire disparaître les hypothèques antérieures, sauf à lui à disposer du surplus de la somme prêtée comme il l'entendrait.

En tous cas, il y a lieu de croire que l'opération du Crédit Foncier lui sera plus avantageuse que celle qui a nécessité les inscriptions premières, tant sous le rapport du taux que des autres conditions dont nous avons parlé plus loin.

(Voir la loi votée dans la séance du 26 juin 1860, accordant au Ministre des travaux publics, la somme de 29,450,000 sur l'emprunt de 1859.)

TABLEAU

de l'étendue des cultures en France, d'après lequel on évalue le sol productif à 19,314,741 hectares, dont :

Froment.	5,586,786
Epeautre.	4,733
Méteil.	910,933
Seigle.	2,577,253
Orge.	1,188,183
Avoine.	3,000,654
Maïs.	631,731
Vignes.	1,972,340
Pommes de terre.	921,971
Sarrazin.	651,242
Légumes secs.	296,926
Jardins.	360,696
Betteraves.	57,663
Colza.	173,306
Chanvre.	176,148
Lin..	98,241
Tabac.	7,955
Garance.	14,674
Houblon.	827
Châtaigneraies.	455,387
Cultures diverses.	226,902
Vergers, pépinières et oseraies.	766,578
Prairies naturelles.	4,198.198
Prairies artificielles.	1,576,547
Jachères.	8,673,281
Pâtures et patis.	9,191,076
Bois.	6,804,550

Les produits furent évalués en 1848 à la somme de 5,837,329,259 fr. qui se répartissaient ainsi :

Culture..	3,479,583,005
Pâturage.	840,713,360
Bois.	206,600,525
Animaux.	1,310,432,369

Ainsi, le produit annuel des cultures dépassait déjà 5 milliards en 1848, et tout porte à croire qu'un recensement actuel trouverait ce chiffre beaucoup plus élevé.

Il faut ajouter la mise en culture des marais et terres incultes appartenant aux communes (voir le *Moniteur* du 7 août 1860), dont l'étendue est considérable en France.

Les animaux domestiques que l'on élève en France donnent plus d'un milliard. Les principales races sont celles des chevaux Normands, du Perche, de la Bretagne, du Poitou, des Ardennes, du Limousin, de l'Auvergne, du Morvan et de Navarre.

La Loire partage nos races bovines en deux grandes catégories : au Nord, les races laitières de Bretagne, de Normandie et de Flandre ; au Sud, les races de travail d'Auvergne, du Limousin, du Languedoc et de Gascogne ; à l'Est, la race Comtoise est à la fois de travail et laitière.

La valeur totale de l'Agriculture et de l'Elève est donc évaluée en France à plus de 7 milliards de francs.

§ 9. STATISTIQUE

et

RENSEIGNEMENTS GÉNÉRAUX.

Industrie.

Statistique Financière.

En 1859, les capitaux engagés dans l'Industrie étaient savoir :

Chemins de Fer.

En France.	15 comp^{ies}.	Capital social.	3,200,000,000
En Allemagne.	55	Id.	Id. 2,580,000,000
En Russie.	7	Id.	Id. 1,388,000,000

Sociétés d'Assurances.

En France.	Capital social.	256,000,000
En Allemagne.	Id.	244,000,000
En Russie.	Id.	68,000,000

Industrie Minière.

En France.	Capital social.	256,000,000
En Allemagne.	Id.	505,000,000
En Russie.	Id.	37,000,000

Filatures.

—

En France.   Capital social.   .   32,500,000
En Allemagne.   Id.   . 116,000,000
En Russie.   Id.   36,000,000

Enfin, au 1er juillet 1860, la longueur totale des Chemins de Fer français était de 16,539 kilomètres.

Dont 7,880 kil. Ancien réseau.
Et   8,659 kil. Nouveau réseau.

En exploitation.   .   .   .   9,217 kilomètres.
En construction.   .   .   .   5,565   Id.
Concédés éventuellement.   1,647   Id.

Les dépenses faites et à faire sont de 5 milliards 781 millions, dont 3 milliards 589 millions 1/2 étaient dépensés au 31 décembre 1859, et 2 milliards 191 millions 1/2 restaient à dépenser.

Finances.

Statistique Douanière.

En 1859 le montant des revenus douaniers chez les principales nations était celui qui suit :

Grande-Bretagne.   .   605,171,000 francs.
France.   178,636,000   Id.
Russie.   104,344,000   Id.

Zollverein. . . .	98,086,000	francs.
Autriche. . . .	53,407,000	Id.
Hollande. . . .	5,961,000	Id.
Belgique. . . .	11,187,000	Id.
Suisse.	5,860,000	Id.
Espagne. . . .	50,535,000	Id.
États-Sardes. . .	17,287,000	Id.
États-Unis. . . .	511,007,000	Id.

Statistique Générale.

La Statistique Générale de la France avant 1859 était de 86 départements, 363 arrondissements, 2,847 cantons et 36,835 communes;

La superficie de 527,660 kilomètres carrés ou 52,768,000 hectares;

La population de 36,039,364 habitants (c'est-à-dire 7 habitants par kilomètre carré.)

Les revenus de. . . .	1,520,039,572	francs.
Les dépenses de..	1,516,820,459	Id.
La dette publique de..	5,345,637,360	Id.
La dette flottante de..	690,000,000	Id.

La force militaire (pied de paix) de { 350,000 hommes. 80,000 chevaux.

La flotte (pied de paix). *Bâtiments à voiles :* 25 vaisseaux, 57 frégates et 149 bâtiments inférieurs. *Bâtiments à vapeur* : 20 frégates, 84 bâtiments inférieurs. 60 en construction.

Commerce.

En 1851.	Importation.	1,157,500,000	francs.
	Exportation.	1,629,400,000	Id.
En 1852.	Importation.	1,438,173,009	Id.
	Exportation.	1,681,465,071	Id.

Depuis le recensement qui précède est intervenu le traité commercial avec l'Angleterre; la réforme douanière qui s'en est suivie a apporté des changements déjà avantageusement constatés par les résultats suivants :

Exportation.

	Avec Primes.	Sans Primes.	Total.
Du 15 mai (1859.	17,040,000	18,696,000	35,736,000
au 6 juillet. (1860.	20,444,000	21,296,000	41,740,000
Accroiss^nt en 1860.	3,404,000	2,600,000	6,004,000

Ainsi qu'il est officiellement démontré par le tableau qui précède, l'exportation de Paris, dans les 51 jours de l'exercice 1860, a dépassé de plus de 6 millions de francs celle de la période correspondante de l'année 1859. (*Annales du commerce extérieur. Moniteur* du 23 juillet 1860.)

Il faut ajouter à cet avantage celui qui doit naturellement résulter de l'annexion de la Savoie et de Nice, au point de vue de l'étendue industrielle, commerciale et agricole.

* 9 7 8 2 0 1 4 4 5 6 5 2 3 *